城镇化协调耦合性的生态文明与绿色发展

杨 震 著

中国纺织出版社有限公司

图书在版编目(CIP)数据

城镇化协调耦合性的生态文明与绿色发展 / 杨震著
. -- 北京：中国纺织出版社有限公司，2024.1
ISBN 978-7-5229-1552-4

Ⅰ. ①城… Ⅱ. ①杨… Ⅲ. ①城市环境－生态环境建设－研究－中国 Ⅳ. ① X321.2

中国国家版本馆 CIP 数据核字（2024）第 061146 号

责任编辑：张　宏　　责任校对：高　涵　　责任印制：储志伟

中国纺织出版社有限公司出版发行
地址：北京市朝阳区百子湾东里 A407 号楼　邮政编码：100124
销售电话：010—67004422　传真：010—87155801
http://www.c-textilep.com
中国纺织出版社天猫旗舰店
官方微博 http://weibo.com/2119887771
河北延风印务有限公司印刷　各地新华书店经销
2024 年 1 月第 1 版第 1 次印刷
开本：787 × 1092　1/16　印张：10.75
字数：227 千字　定价：98.00 元

前言/PREFACE

随着全球城市化进程的不断加速，城市已经成为我们生活的中心，也是经济增长和社会变革的引擎。城市不仅吸引了人口的大规模迁徙，还集聚了资源、科技和文化，为人类提供了前所未有的机遇和挑战。然而，城市发展所伴随的环境问题、资源压力以及社会不平等等问题也日益凸显，迫切需要找到一种可持续发展的城市化路径。

在这个背景下，城镇化协调耦合性成了一个备受关注的研究领域。城镇化协调耦合性，作为城市化与生态环境之间关系的重要表征，涵盖了城市化和生态文明发展之间的协调性与耦合性。它旨在回答一个重要的问题：如何在城市化的进程中实现经济增长与生态平衡的双赢局面？

本书旨在深入研究城镇化协调耦合性，并探讨其与生态文明、绿色发展之间的关系。我们将探讨城市化对生态系统的影响，以及如何通过城市规划、政策制定和技术创新来推动绿色发展。同时，我们将分析城镇化协调耦合性对于生态文明建设的重要性，以及如何通过区域协同发展来实现城市化与生态平衡的共赢。

本书的研究基于广泛的文献综述、案例研究以及数据分析，力求为政策制定者、城市规划者、学者和社会各界提供有关城市化可持续发展的重要见解。我们相信，通过深入理解城镇化协调耦合性，我们可以找到有效的策略和方法，促进城市化与生态文明的有机结合，从而实现绿色、可持续的城市发展，为我们的子孙后代创造更美好的生活和环境。

本书是在内蒙古自治区哲学社会科学规划项目“基于生态文明视角下的内蒙古践行‘两山’理论实践路径研究（2022NDC264）”、内蒙古自治区高等学校科学研究项目“内蒙古土地承载力与城镇化水平耦合协同关系研究（NJZY22187）”和赤峰学院学术专著出版基金资助下取得的主要研究成果。编写中参阅和引用了大量国内外文献资料，作者对书中所引用的直接、间接文献的作者表示谢意。

本书能够得到上海对外经贸大学梁振民副教授的悉心指导，这对作者是极大的鼓励和鞭策。衷心感谢东北师范大学李广全教授对本书提出了许多宝贵意见和建议。中国纺织出版社工作人员为本书出版工作倾注了大量的精力，在此一并致以谢忱。

杨震
2023 年 9 月

杨震，男，1982 年 10 月出生，内蒙古赤峰人，现为赤峰学院副教授，硕士研究生导师。毕业于东北师范大学城市规划与设计专业，工学硕士，主要研究方向为城镇化专题理论与实践，乡村振兴等，主持省市级课题多项，发表论文 20 余篇。

目录/CONTENTS

第一章　绪论 …… 1

第一节　研究背景和意义 …… 1

第二节　研究综述 …… 3

第三节　研究方法和框架 …… 7

第二章　城镇化协调耦合性的概念和评价指标 …… 11

第一节　城镇化协调耦合性的概念和内涵 …… 11

第二节　城镇化协调耦合性的评价指标体系 …… 15

第三章　生态文明和绿色发展的概念和理论 …… 23

第一节　生态文明和绿色发展的概念和内涵 …… 23

第二节　生态文明和绿色发展的理论基础和价值取向 …… 30

第四章　城镇化协调耦合性与生态文明的关系 …… 37

第一节　城镇化协调耦合性与生态文明的内在联系 …… 37

第二节　城镇化协调耦合性对生态文明的影响和贡献 …… 45

第五章　城镇化协调耦合性与绿色发展的关系 …… 53

第一节　城镇化协调耦合性与绿色发展的内在联系 …… 53

第二节　城镇化协调耦合性对绿色发展的影响和贡献 …… 64

第六章　城镇化协调耦合性的现状分析 …… 73

第一节　城镇化协调耦合性的现状和问题 …… 73

第二节　城镇化协调耦合性不协调的原因和机制 …… 78

第七章　城镇化协调耦合性的绿色发展路径 …… 87

第一节　城镇化协调耦合性的绿色发展路径和模式 …… 87

第二节　城镇化协调耦合性绿色发展的战略和政策建议 …… 94

第八章　城镇化协调耦合性的生态文明建设 …… 107

第一节　城镇化协调耦合性与生态文明建设的关系 …… 107

第二节　城镇化协调耦合性生态文明建设的具体措施和路径 …… 118

第九章　城镇化协调耦合性的区域协同发展 …… 129

第一节　城镇化协调耦合性与区域协同发展的关系 …… 129

第二节　城镇化协调耦合性区域协同发展的策略和实践路径 …… 138

第十章　城镇化协调耦合性的评价和预测 …… 145

第一节　城镇化协调耦合性的评价和预测方法 …… 145

第二节　城镇化协调耦合性的评价指标和权重分配方法 …… 149

第三节　应用城镇化协调耦合性预测模型进行预测分析 …… 154

参考文献 …… 161

第一章　绪论

第一节　研究背景和意义

一、城镇化及其重要性

城镇化在全球范围内取得了巨大的进展，成为当今社会变革的主要驱动力之一。随着农村人口向城市的大规模迁徙，城市人口比例持续上升。这一趋势不仅改变了人们的生活方式，还对社会、经济和环境产生了深远的影响。城市化带来了经济增长、就业机会和文化交流，但也带来了资源过度消耗、环境污染和社会不平等等问题。因此，深入研究城镇化及其重要性至关重要。

城镇化的重要性体现在以下几个方面。

（一）经济增长引擎

城市作为经济活动的中心，不仅吸引了大量人口，也成了创新和产业发展的引擎。

首先，城市创造了就业机会。城市集聚了多个产业和服务部门，为大量人口提供了就业机会。这种集聚效应有助于降低失业率，提高居民的生活水平。

其次，创新与科技发展。城市是创新和科技发展的中心，吸引了高素质的人才和研发机构。城市化促进了技术创新和知识产业的发展，推动了经济的现代化和多元化。

最后，经济规模效应。城市中的产业集聚可以带来规模效应，降低生产成本，提高生产效率。这有助于企业扩大市场份额，推动整体经济的增长。

（二）资源配置与效率

城市化背景下，资源的需求和分配成了一个重要议题。城市为资源的集聚提供了机会，但也需要高效的资源管理来满足日益增长的需求。

首先，资源集聚与分配。城市化导致了资源需求的集中，包括能源、水资源、土地等。因此，城市需要有效的资源分配机制，以确保资源公平合理分配，同时满足城市发展的需要。

其次，资源效率和循环经济。城市需要追求资源的高效利用，采取节能减排、资源回收和循环经济的策略。这有助于降低资源浪费，减少环境负荷，提高城市的可持续性。

（三）环境可持续性

城市化对环境产生了深远的影响，既是环境压力的源头，又为环境保护提供了机遇。

首先，环境负荷。城市化伴随着工业化和交通流量的增加，导致了空气污染、水质下降、土地开发等环境问题。因此，城市需要采取措施减轻环境负荷，保护生态系统。

其次，城市规划与绿色发展。城市规划和绿色发展理念的结合可以促进可持续城市化。城市规划应考虑自然资源保护、绿色基础设施建设、节能减排等因素，以确保城市的生态可持续性。

（四）社会变革与文化传承

城市化不仅改变了经济和环境，还对社会和文化产生了深远的影响。

首先，社会多元化。城市吸引了来自不同地区和文化背景的人口，促使社会多元化和文化交流。这既丰富了城市的文化生活，又促进了文化传承和交流。

其次，社会服务与基础设施。城市化需要提供更多的社会服务和基础设施，包括教育、医疗、交通等，这有助于提高居民的生活质量和福祉。

二、生态文明和绿色发展的兴起

生态文明和绿色发展的理念逐渐兴起，成为全球关注的焦点。在城市化进程中，生态文明追求经济增长与生态平衡的协同发展，绿色发展强调资源的可持续利用和环境保护。这两者的兴起对城市化进程产生了深远的影响，促使城市规划、政策制定和市民行为发生根本性变化。

生态文明和绿色发展的兴起的重要性体现在以下几个方面。

（一）环境保护与生态恢复

生态文明的核心思想是保护和恢复生态系统的健康，确保人类与自然和谐共生。城市化进程通常随着土地开发、污染和资源消耗，导致了生态系统的退化。因此，城市化需要考虑生态系统的可持续性，具体包括以下方面：

首先，生态系统保护。城市化不应以破坏生态系统为代价。城市规划应避免侵占重要的自然生态区域，保护生态系统的多样性和稳定性。

其次，生态恢复。城市化区域可以采取生态恢复措施，包括湿地恢复、森林重建和水体净化，以修复受损的生态系统。

最后，生态基础设施。在绿色城市规划中，生态基础设施如绿道、城市森林、雨水花园等可用来增强城市的生态功能，提高城市居民的生活质量。

（二）资源效率与循环经济

绿色发展着眼于资源的有效利用和构建循环经济，以减少资源浪费和环境污染。在城市化进程中，资源管理至关重要。

首先，资源节约与可持续性。城市化需要推动资源节约和可持续性。这包括能源效率

提高、废弃物回收和再利用、节水技术的应用等。

其次，循环经济。城市可以构建循环经济体系，将废弃物转化为资源，减少环境污染。这需要建立废物处理设施、提高废物分类和回收率。

最后，可再生能源。城市化可以推动可再生能源的使用，包括太阳能、风能和生物能源等，以减少对有限资源的依赖。

（三）社会公平与健康生活

生态文明倡导社会公平和健康生活方式，城市化需要考虑解决社会不平等问题和提升城市居民福祉。

首先，社会不平等。城市化通常随着社会不平等的加剧，例如住房不平等和教育不公平。城市规划和政策应关注社会公平，提供平等的机会和服务。

其次，健康生活方式。城市化可以改善居民的生活方式，包括鼓励步行和骑行、提供健康饮食选择、改善空气质量等，以促进居民的健康和幸福。

最后，社会服务。城市需要提供高质量的社会服务，包括医疗保健、教育、社会福利等，以满足不同居民的需求。

（四）全球可持续性

城市化作为全球趋势，对全球资源和环境有着深远的影响。

首先，可持续发展目标。生态文明和绿色发展理念与联合国可持续发展目标（SDGs）紧密相关。城市化进程需要与这些全球性目标相一致，以确保城市发展与全球可持续性相协调。

其次，全球资源管理。城市化带来了全球资源的需求增加，因此城市需要参与全球资源管理和可持续发展的倡议，确保全球资源的公平分配和可持续利用。

第二节　研究综述

一、城镇化协调耦合性研究历史回顾

城镇化协调耦合性作为一个重要的研究领域，已经吸引了广泛的学术兴趣。其研究历史可以追溯到几十年前，但近年来受到了更多的关注和深入研究。早期的研究主要集中在城市与农村之间的关系，而现代研究更注重城市内部各要素之间的协调与耦合。

具体而言，城镇化协调耦合性研究历史回顾包括以下方面。

（一）初期研究

1. 早期城市化研究

早期城市化研究主要关注城市与农村之间的人口、经济和资源流动。这些研究探讨了城市化过程中，农村人口向城市迁移的动态，以及城市对农村的影响。研究者关注城市与农村的差异，例如生活水平、教育机会和就业机会等。

2. 城市与农村的关系

初期研究也强调了城市与农村之间的相互依存关系。城市需要农村提供食物、能源和原材料等资源，而农村则依赖城市的市场和就业机会。这种城乡互补性的关系成为初期研究的重要议题之一。

（二）现代研究

1. 城市内部协调与耦合

近年来，随着城市化进程的加速发展，研究者开始更加关注城市内部各要素之间的协调关系，包括经济、环境、社会和文化等方面。这一转变反映了城市化不仅是城市与农村之间的问题，还涉及城市内部各要素之间的互动。

2. 综合指标的引入

现代研究倾向于引入综合指标来衡量城镇化协调耦合性。这些指标综合考虑了城市内部各要素的协调程度，包括经济增长、环境保护、社会公平等。研究者尝试建立评价体系，以量化城市化过程中各要素之间的关系。

3. 城市化模式的研究

现代研究也关注了不同城市化模式的比较研究。不同国家和地区的城市化路径和模式各异，因此需要进行国际比较研究以获取更多启示。一些研究着重分析了发展中国家和发达国家之间的城市化差异，以及不同城市化策略对可持续发展的影响。

（三）国际比较研究

1. 不同国家的城市化路径

国际比较研究强调了不同国家和地区的城市化路径。发展中国家和发达国家在城市化进程中面临着不同的挑战和机遇。一些国际比较研究关注了中国、印度、巴西等新兴经济体的城市化经验，以及欧美国家的城市化历程。

2. 政策和战略比较

研究者还比较了不同国家和地区的城市化政策和战略。这些比较有助于识别最佳实践，为城市化过程中的政策制定提供经验教训。同时，国际比较也有助于推动国际合作，共同应对城市化带来的全球性挑战，如气候变化和资源管理。

二、先前相关研究的主要发现

在城镇化协调耦合性研究领域，已经取得了一些重要的研究成果。这些先前的研究主要包括以下几个方面的主要发现。

（一）城市化与经济增长

1. 城市化对经济增长的积极影响

研究表明，城市化与经济增长之间存在着紧密的正向关系。

首先，城市化能够创造更多的就业机会，吸引农村人口迁往城市寻找更好的工作和生活条件。这种人口流动促进了劳动力市场的发展，提高了生产力。同时，城市提供了更多的创新机会，因为在城市中，不同行业和企业更容易互相交流，从而促进了技术进步和创新。此外，城市化还吸引了更多的投资，推动了基础设施建设和产业发展，从而进一步促进了经济增长。

2. 城市化带来的挑战与反思

随着城市人口的增加，城市面临着资源短缺、环境污染和社会不平等等问题。城市化过程中的土地不合理使用和资源浪费可能导致资源匮乏，甚至环境恶化。因此，城市化需要更好地平衡经济增长与资源可持续利用之间的关系，以确保长期的经济繁荣。

3. 城市化与可持续发展

为了实现城市化与经济增长的可持续发展，许多研究强调了可持续发展城市规划和管理的重要性。这包括推广绿色建筑、改善交通系统、促进清洁能源的使用等策略。同时，城市政府需要实施政策，鼓励企业采取可持续的生产方式，减少资源消耗和环境负担，以确保城市化不会对生态环境造成不可逆转的伤害。

（二）城市化与资源利用

1. 能源需求与城市化

城市化导致了能源需求的急剧增加。城市人口的增加意味着更多的建筑、交通和工业活动，这些都需要大量的能源供应。研究表明，城市化需要实施提高能源效率措施，以减少能源消耗并降低碳排放。

2. 水资源管理与城市化

随着城市化的推进，城市对水资源的需求也显著增加。这不仅包括饮用水，还包括用于工业、农业和生活的水资源。研究强调了城市水资源管理的重要性，包括水资源的合理分配、污水处理和水资源保护。城市需要采用现代化的水资源管理技术，以确保供水安全和可持续性。

3. 循环经济与资源可持续利用

为了应对城市化带来的资源压力，一些研究提出了循环经济的概念。循环经济旨在最大限度地减少资源浪费，通过回收再利用、废物转换为资源等方式，实现资源的可持续利用。这种模式可以帮助城市减少对有限资源的依赖，降低环境影响，同时创造新的商机和就业机会。

（三）城市化与环境质量

1. 城市污染与空气质量

城市化常常随着工业化和交通增长，这可能导致城市污染和空气质量下降。研究指出，城市污染对人类健康造成了严重威胁，需要采取措施来减少空气污染和改善空气质量。

2. 土地开发与绿地保护

城市化通常涉及土地开发，这可能导致土地的流失和生态系统的退化。保护绿地和自然生态系统对维护城市的环境质量至关重要。研究强调了城市规划中绿地的合理保护和管理，以促进生态平衡。

3. 生态系统服务与城市化

一些研究关注城市与周边生态系统之间的关系，强调了生态系统服务的重要性。城市依赖于生态系统提供的服务，如水资源供应、食物生产和自然灾害调节。城市化需要考虑如何维护周边生态系统，以确保这些生态系统服务的可持续提供。

（四）城市化与社会公平

1. 城市化与社会不平等

尽管城市化可以提供更多的经济机会，但也容易导致社会不平等的加剧。城市中的高房价和生活成本可能排斥一部分人口，导致贫富差距加大。一些研究强调了城市规划和政策制定中考虑社会公平问题的重要性，以确保城市化的好处能够公平分配给所有居民。

2. 住房政策与社会包容性

研究者们普遍关注住房政策在城市化中的作用。通过制定合理的住房政策，城市可以提供经济适用房屋，减轻房屋短缺和高房价的问题，从而促进社会包容性。此外，住房政策还可以支持贫困社区的发展，提高社区居民的生活质量。

3. 教育和职业机会

城市化也与教育和职业机会有关。城市通常提供更多的教育和培训资源，使居民更容易获得技能和就业机会。然而，为了实现社会公平，城市需要确保教育和职业机会对于所有社会阶层都是可获得的，并且没有歧视。

（五）城市化与生态文明

1. 生态文明理念

近年来，研究者开始关注城市化与生态文明理念之间的关系。生态文明理念强调人类与自然生态系统的和谐共生，强调环境保护和可持续发展。这一理念在城市化过程中尤为重要，因为城市是人口密集和资源消耗高的地区。

2. 可持续发展城市规划

研究者强调了可持续发展城市规划的必要性。可持续发展城市规划包括了减少碳排放、提高能源效率、促进公共交通、保护自然环境等方面的策略。这些策略旨在确保城市化不会对生态系统造成不可逆转的损害，同时为城市居民提供更高的生活质量。

3. 生态城市示范项目

一些城市已经开始实施生态城市示范项目，旨在将生态文明理念付诸实践。这些项目包括可再生能源的使用、废物回收和水资源管理等方面的创新做法。这些示范项目提供了宝贵的经验教训，可以为其他城市提供借鉴和启发。

第三节　研究方法和框架

一、研究设计和数据采集方法

（一）文献综述

在本研究中，文献综述是首要的研究方法之一，用于收集和整理先前相关研究的成果和观点，以建立研究的理论基础。文献综述将包括对城市化与经济增长、资源利用、环境质量、社会公平和生态文明等领域的广泛文献进行检索和分析，这将有助于我们了解不同研究观点、主要发现和存在的研究缺口。

（二）案例研究

本研究将进行多个城市的案例研究，以深入探讨城市化协调耦合性的实际情况。选择的城市将代表不同的地理、经济和社会背景，以确保研究的广泛性和代表性。案例研究将通过深度访谈、文献分析和实地考察等方式收集数据。这些案例研究将帮助我们分析各种城市化模式下的经验教训，识别成功的实践和面临的挑战。

（三）数据分析

为了定量分析城镇化协调耦合性的指标，本研究将依赖大量的城市化相关数据。这些数据将包括但不限于以下几点：

①人口统计数据，包括城市人口规模、增长率、人口结构等。

②经济数据，包括城市 GDP、产业结构、就业率等。

③环境数据，包括空气质量、水质、土地利用和碳排放等。

④社会数据，包括社会不平等指数、教育水平、医疗服务覆盖率等。

这些数据将通过官方统计机构、研究机构和国际组织的报告以及地理信息系统（GIS）等渠道收集。数据分析将包括描述性统计、相关性分析、多元回归分析等，以量化城市化内部各要素之间的协调与耦合关系。

二、分析框架和理论基础的选择

（一）分析框架

本研究的分析框架将基于城镇化协调耦合性的概念，旨在深入探讨城市化内部各要素之间的协调与耦合关系。具体而言，分析框架将包括以下关键要素。

1. 经济要素分析

首先，城市 GDP 增长。城市化对城市的经济增长有显著影响。我们将分析不同城市的 GDP 增长情况，考察城市化过程中经济增长的速度和模式。具体分析将包括城市 GDP

的年度增长率、不同城市之间的差异，以及城市化阶段与经济增长之间的关系。这有助于我们了解城市化对经济增长的直接影响。

其次，产业结构调整。城市化通常随着产业结构的变化。我们将分析城市中不同产业的发展趋势，包括第一产业、第二产业和第三产业。具体关注点将包括新兴产业的兴起、传统产业的衰退以及城市内不同产业之间的协调与耦合关系。这有助于我们理解城市化对产业结构的影响和产业调整的趋势。

最后，创新能力。创新能力对经济增长至关重要。我们将分析不同城市的创新生态系统，包括科研机构、创业企业和创新政策。具体关注点将包括研发投入、专利申请数量、创新企业数量以及创新政策的实施情况。这有助于我们了解城市化对创新能力的影响以及创新对经济增长的推动作用。

2. 环境要素分析

首先，空气质量。城市化通常随着工业化和交通增长，可能导致空气质量下降。我们将分析不同城市的空气质量数据，包括颗粒物浓度、污染物排放情况等。具体关注点将包括城市化与空气质量之间的关系，以及城市规划和政策对改善空气质量的影响。

其次，水资源利用。城市化对水资源的需求急剧增加，可能导致水资源紧缺。我们将分析城市的水资源管理情况，包括供水量、水资源消耗和水质情况。具体关注点将包括城市化对水资源的压力、水资源可持续利用的措施以及水资源管理的效果。

最后，土地利用和生态系统健康。城市化通常随着土地开发，可能对生态系统造成冲击。我们将分析城市土地利用情况，包括城市扩张、耕地减少和自然生态系统的退化。具体关注点将包括城市化对土地资源的压力、土地规划的可持续性以及生态系统健康的评估。

3. 社会要素分析

首先，社会公平。城市化不仅带来了经济机会，也可能加剧社会不平等。我们将分析不同城市的社会不平等指标，包括收入差距、教育机会和医疗服务覆盖率。具体关注点将包括城市化与社会公平之间的关系，以及政策措施对减少不平等的效果。

其次，教育和就业机会。城市化通常提供更多的教育和就业机会。我们将分析不同城市的教育水平、教育资源分配和就业率情况。具体关注点将包括城市化对教育和就业机会的影响，以及教育和职业政策的作用。

最后，居民生活质量。城市化对居民的生活质量产生深远影响。我们将分析不同城市的生活质量指标，包括居民幸福感、住房条件和文化娱乐设施。具体关注点将包括城市化对居民生活质量的改善和城市规划对提高生活质量的作用。

4. 文化要素分析

首先，城市文化多样性。城市化通常随着文化多样性的增加。我们将分析不同城市的文化多样性指标，包括民族构成、文化活动和文化遗产保护情况。具体关注点将包括城市化对文化多样性的促进作用和文化政策的支持。

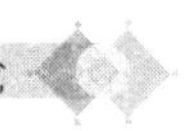

其次，文化遗产保护。城市化对文化遗产的保护具有重要意义。我们将分析不同城市的文化遗产保护措施，包括古建筑保护、文化遗产管理和历史街区保护。具体关注点将包括城市化对文化遗产的威胁和文化保护政策的有效性。

最后，文化创新。城市化通常会激发文化创新。我们将分析不同城市的文化创新产业，包括艺术作品、文化创意产业和创新活动。具体关注点将包括城市化对文化创新的推动作用和文化政策的促进作用。这有助于我们理解城市化对文化领域的影响和文化创新对城市的贡献。

这些要素将在分析中相互关联，以揭示城市化对这些要素的影响以及它们之间的相互作用。

（二）理论基础

本研究将依赖多个相关理论来解释城镇化与生态平衡之间的关系，包括但不限于以下理论。

1. 生态文明理论

生态文明理论是中国特有的理论框架，强调人与自然的和谐共生。这一理论主张人类社会的发展必须与自然资源的保护和可持续利用相结合。在本研究中，生态文明理论将为我们提供一个理论基础，用于解释城市化与生态平衡之间的关系。具体而言有以下几种：

首先，生态文明理论强调了人类社会与自然环境的相互依存关系，强调了环境可持续性的重要性。这一框架将有助于我们理解城市化过程中的生态挑战，并强调城市化必须与自然生态系统的保护相协调。

其次，生态文明理论强调了环境保护的重要性，包括土地、水资源和空气等。在城市化背景下，这一理论将引导我们关注城市发展对环境的潜在影响，以及如何通过可持续规划和政策来保护生态系统。

最后，生态文明理论与可持续发展理论有密切联系。它强调了长期可持续性，追求社会、经济和环境的协调发展。在城市化研究中，我们将借鉴生态文明理论，探讨如何实现城市的可持续发展，以确保城市化进程不损害未来世代的利益。

2. 绿色发展理论

绿色发展理论关注经济增长与环境保护之间的平衡。它强调了资源的可持续利用和减少对环境的负担。在本研究中，绿色发展理论将为我们提供一个关键的理论视角，用于分析城市化与生态平衡的关系。具体而言有以下几种：

首先，绿色发展理论着眼于可持续性发展，要求在经济增长的同时减少环境破坏。这一理论将引导我们研究城市化对资源利用和环境负担的影响，以及如何推动城市朝向更绿色的发展模式。

其次，城市化过程中，资源需求急剧增加，包括能源、水资源和土地。绿色发展理论将提醒我们关注资源的可持续利用，探讨如何实施节能减排和循环经济策略，以减少资源浪费。

最后，绿色发展理论强调减少对环境的负担，包括减少污染和碳排放。在城市化研究中，我们将关注城市化对环境质量的影响，以及如何通过环保政策来降低城市的环境负担。

3. 可持续发展理论

可持续发展理论是跨学科的理论框架，关注社会、经济和环境的综合发展。它将为我们提供一个综合性的视角，用于分析城市化与生态平衡之间的关系。具体而言有以下几种：

首先，可持续发展理论将引导我们综合考虑城市化对社会、经济和环境的影响。这一理论要求城市化过程中的发展必须在这三个领域之间取得平衡，以实现长期可持续性。

其次，可持续发展理论将强调社会因素的重要性，包括社会公平、教育和居民生活质量。在城市化研究中，我们将关注城市化对社会公平和居民生活质量的影响，以确保城市化过程中不加剧社会不平等。

4. 城市化理论

城市化理论关注城市发展的过程和影响。它将为我们提供一个关于城市化的深刻理解，以分析城市化与生态平衡之间的相互关系。具体而言有以下几种：

首先，城市化理论探讨了城市化过程中的城市扩张、人口流动和资源分配等问题。这一理论将帮助我们理解城市化对资源、经济和社会的影响，以及城市规划和政策的作用。

其次，城市化通常伴随着资源需求的增加，包括土地、水资源和能源。城市化理论将引导我们关注城市资源的分配和利用，以解决资源短缺问题，并寻求可持续的资源管理策略。

最后，城市化理论强调城市规划和政策对城市发展的重要性。在城市化研究中，我们将探讨不同城市规划模式和政策措施对城市化与生态平衡的影响，以及如何通过科学的城市规划来实现生态平衡。

这些理论将为我们提供分析城市化与生态平衡之间关系的理论框架和指导。通过基础理论的运用，我们将更好地理解城市化过程中各要素之间的互动关系，以及如何实现城市化的可持续发展。

第二章　城镇化协调耦合性的概念和评价指标

第一节　城镇化协调耦合性的概念和内涵

一、城镇化的定义与特征

（一）城镇化的概念

城镇化是指人口由农村地区迁移到城市地区的过程，随着城市人口的增长、城市建设的扩展和城市化水平的不断提高。城镇化是现代化进程的重要组成部分，通常随着工业化、商业化和现代化社会的发展。城镇化在全球范围内普遍存在，但其速度和特征因国家和地区而异。

首先，城镇化涉及人口流动的过程。它意味着人口从农村地区向城市地区的迁移，随着时间的推移，城市地区的人口数量逐渐增加。这种人口流动源于农村地区的就业机会相对不足，城市提供了更多的工作和职业发展机会，因此吸引了农村居民前往城市寻找更好的生活和经济机会。这一过程通常随着农村人口减少的趋势，农村社会结构的变化以及城市社会结构的扩展。

其次，城镇化还表现为城市建设的扩展。随着人口的增长和城市化的推进，城市地区的面积也不断扩大，城市建设得到加强。这包括了住宅区的建设、商业区的开发、基础设施的改善和交通系统的扩展。城市建设的扩展是城镇化的一个显著特征，它反映了城市地区的功能和容量的不断增强。

再次，城镇化与经济发展密切相关。城市通常是经济活动的中心，吸引了企业投资和创新。城市化通常随着经济的增长，因为城市提供了更多的就业机会和商业机会。这种经济增长可能导致人口进一步流入城市，形成了一个良性循环。然而，城市化也带来了贫富差距的扩大，城市中的社会不平等问题需要得到关注和解决。

最后，城镇化还随着社会结构和文化的变化。城市化通常导致生活方式的改变、价值观念的转变和社交关系的重塑。城市地区的多样性和文化交流通常导致了文化多元化的增加，但也可能带来社会的不稳定和文化传承的挑战。城市化的社会变革需要政府、社会和文化领域的共同努力来应对。

（二）城镇化的特征

城镇化的特征可以分为以下几个方面。

1. 人口流动

首先，人口流动的规模和趋势。在城镇化过程中，人口流动是一个显著的特征。农村居民迁往城市地区寻求更好的就业和生活条件，导致城市人口的持续增长。这种人口流动的规模和趋势在不同国家和地区之间存在一定差异。一些国家的城市化速度较快，人口流动规模大，而另一些地区可能经历较为缓慢的城镇化过程。

其次，人口流动的动力因素。人口流动的动力因素包括农村地区就业机会的不足、城市地区经济活动的多样性、教育和医疗资源的吸引力以及农村社会结构的变化。农村人口通常希望通过迁往城市地区来改善他们的生活水平，并追求更好的教育和医疗服务。

最后，人口流动的影响。人口流动对城市和农村地区都产生了深远的影响。在城市地区，人口的增加可能导致城市扩张和基础设施需求的增加。同时，农村地区面临人口减少和劳动力短缺的问题。人口流动还带来了社会文化的融合和多样性，但也可能会导致社会不稳定和文化传承的挑战。

2. 城市建设

首先，城市建设的范围。城市化随着城市建设的扩展，涵盖了多个领域。这包括住宅建设，城市居民需要住房，因此城市地区的住宅区域会不断扩大。同时，基础设施建设是城市建设的重要组成部分，包括道路、桥梁、水电供应系统、污水处理设施等。商业区和工业区的开发也是城市建设的一部分，以满足商业和工业活动的需求。

其次，城市建设的影响。城市建设的扩展对城市和环境产生了广泛的影响。一方面，城市扩张可能导致土地利用的改变，包括农田和自然生态系统转化为城市用地。这可能对生态系统造成负面影响，例如破坏生态平衡和生物多样性。另一方面，城市建设的改善可以提高居民的生活质量，提供更好的基础设施和公共服务。

最后，可持续城市建设。为了减轻城市建设对环境的负面影响，可持续城市建设变得越来越重要。可持续城市建设强调资源的高效利用、绿色建筑和环保技术的采用。这有助于减少能源浪费、减少污染，并促进城市的生态平衡。

3. 经济发展

首先，经济增长与城镇化。城镇化通常随着经济的增长，因为城市提供了更多的就业机会和商业机会。城市地区通常是经济活动的中心，吸引了企业和投资。这种经济增长可能会导致人口的进一步流入城市，形成一个良性循环。

其次，贫富差距与社会不平等。尽管城镇化促进了经济增长，但也可能导致贫富差距的扩大。城市化通常集中了经济资源，而城市中的社会不平等问题需要得到关注和解决。政府和社会组织需要采取措施，以确保城市化带来的经济机会公平分配，并提供社会保障体系以减轻社会不平等的影响。

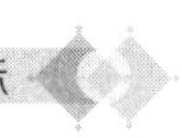

4. 社会变革

首先，生活方式的改变。城镇化通常导致生活方式的改变。城市居民的日常生活可能与农村居民大不相同。城市生活节奏更快，社交活动更加多样，文化和娱乐资源更加丰富。这种生活方式的改变对城市居民的社交和文化体验产生了影响。

其次，价值观念的转变。随着城市化的推进，人们的价值观念可能发生变化。城市生活通常与更多的职业机会、教育和文化多样性相关，这可能影响到个人和社会的价值观念。例如，城市化可能促进了个人主义和社会多元化的价值观念。

最后，社交关系的重塑。城市化还可能导致社交关系的重塑。在农村地区，人们通常有更紧密的社交网络和亲密的社会关系。然而，在城市生活中，社交网络可能更加分散，人们的社交圈子可能更广泛但也更松散。

二、协调耦合性的概念解释

（一）协调耦合性的定义

首先，协调耦合性是城镇化研究中一个重要而复杂的概念，其核心概念在于城市化过程中各要素之间的相互关联和协同发展关系。这一概念涵盖了多个领域，包括经济、社会、环境和文化等，以及它们之间的相互作用。协调耦合性所强调的是这些要素之间的紧密联系，以及它们如何共同影响城市化进程的演变。

其次，协调耦合性的研究具有重要的学术价值。它不仅有助于我们更深入地了解城市化的复杂性，还提供了分析和预测城市化趋势的关键工具。通过深入研究协调耦合性，我们可以更好地了解城市化过程中的关键因素和机制，从而更好地规划城市发展，提高城市的可持续性，改善居民生活质量。

再次，协调耦合性的研究不仅有学术意义，还对政府和决策者具有实际指导意义。了解各要素之间的协调耦合性可以帮助政府更加有效地制定政策，以促进城市化的可持续发展。例如，如果我们发现经济和环境要素之间存在不协调的趋势，政府可以采取措施来调整政策，以减轻环境压力并促进可持续经济增长。

最后，协调耦合性的研究还可以为城市规划和管理提供重要的参考。在城市规划过程中，了解各要素之间的协调耦合性可以帮助规划者更好地权衡各种因素，确保城市发展是均衡和可持续的。同时，城市管理者也可以利用协调耦合性的信息来更好地应对城市发展中的挑战，例如交通拥堵、环境污染和社会不平等等问题。

（二）协调耦合性的内涵

协调耦合性的内涵可以分为以下几个方面。

1. 经济与社会的协调

首先，就业与社会公平的协调。在城镇化进程中，经济增长通常随着就业机会的增加。然而，协调耦合性强调了经济和社会之间的关系，特别是就业机会的质量和分配。研究发现，城市化可能导致就业的不平等分布，从而损害社会公平。因此，协调耦合性要求政策制定者采取措施，确保就业增长与社会公平之间的平衡。这可能包括提供职业培训机会，推动中小企业发展，以及建立社会保障体系，以减轻社会不平等的压力。

其次，城市化与社会结构的协调。城市化过程通常随着社会结构的变化，包括家庭结构、人口老龄化和迁移。协调耦合性的概念要求我们关注这些社会变革与城市化进程之间的关系。例如，城市化可能导致农村地区的人口减少，社会服务需求的增加，这就需要制定政策来协调城市和农村地区的资源分配，以满足不同地区的需求。

2. 经济与环境的协调

首先，资源利用与环境保护的协调。在城市化过程中，大量资源被用于建设和生产，这可能导致资源浪费和环境破坏。协调耦合性要求经济增长与资源利用和环境保护之间的协调。这可以通过采用可持续发展的方法来实现，例如能源效率提高、废物处理和绿色技术的推广。此外，也可以用税收政策和市场机制来激励企业和个人采取环保行动。

其次，城市化与生态系统的协调。城市化不仅对资源产生影响，还对生态系统造成了压力。城市扩张可能导致土地开垦、森林砍伐和生态系统破坏。协调耦合性的概念要求我们考虑城市化与生态系统之间的协调，以维护生态平衡。这可以通过城市规划中的绿化和自然保护区的设立来实现，以保护自然资源和生态系统的完整性。

3. 社会与文化的协调

首先，文化多样性的保护。城市化不仅涉及经济和社会变革，还涉及文化的交流和融合。协调耦合性强调了城市化与文化多样性之间的关系。城市应该尊重并保护不同文化和社会群体的权益，以确保文化多样性得以保持。这可以通过文化保护政策、文化教育和多元文化的社会互动来实现。

其次，城市化与社会认同的协调。城市化可能导致社会认同的转变。人们可能在城市中面临不同文化、价值观和社交圈子，这可能影响他们的社会认同。协调耦合性要求我们关注城市化与社会认同之间的关系，并采取措施来促进社会认同的稳定和多元发展。这可以通过文化交流、社会融合政策和促进社交互动来实现。

4. 社会与环境的协调

首先，社会发展与环境保护的协调。城市化过程中，社会发展和环境保护之间存在紧密关联。社会发展通常随着资源消耗和环境压力的增加，但协调耦合性要求我们追求社会和环境的协调发展。这可以通过可持续发展城市规划、资源节约型生产和生态恢复项目来实现。

其次，社会健康与环境质量的协调。城市化可能对居民的社会健康产生影响，例如空气污染、噪声和交通拥堵可能对居民健康造成危害。协调耦合性要求政府采取措施来协调社会健康和环境质量，例如改善城市环境、提供健康保健服务和鼓励绿色出行方式。

第二节　城镇化协调耦合性的评价指标体系

一、定性和定量评价指标的区别

（一）定性评价指标

定性评价指标通常是通过描述和分析城镇化过程中各要素之间的关系来进行评估的。这些指标强调了协调耦合性的质量和特征，而不是具体的数量。例如，可以使用定性指标来描述城市发展是否尊重了当地的文化传统，或者城市化是否对生态环境产生了不利影响。这些指标通常基于专家判断、问卷调查或案例分析。

1. 文化协调性的定性评价指标

（1）文化尊重程度

文化尊重程度是一个重要的定性指标，用于评估城市化过程中是否尊重当地文化传统。这个指标可以通过以下方式进行评估：

首先，文化保护政策。分析城市政府是否制定了相关政策来保护和传承当地文化，例如，文化遗产保护法律和文化节庆活动的支持。

其次，文化保存实践。研究城市中是否存在文化保存实践，如博物馆、文化中心、历史建筑的保护等，以及这些实践是否受到政府和社会的支持。

最后，文化多样性。评估城市内是否存在多种文化群体的共存和文化交流，以及是否存在文化融合的机会。

（2）文化与经济协调

这个指标用于分析文化和经济之间的协调性。它可以通过以下方式进行评估：

首先，创意产业发展。研究创意产业在城市经济中的地位和贡献，以及城市是否积极支持文化产业的发展。

其次，文化旅游业。评估文化旅游业在城市经济中的份额，以及城市是否采取措施促进文化旅游业的发展。

最后，文化创新。研究城市中的文化创新活动和文化企业，以及它们是否与经济发展相互促进。

（3）文化与社会协调

这个指标关注文化和社会之间的协调性。它可以通过以下方式进行评估：

首先，社会认同。分析城市居民是否能够在多元文化环境中保持自己的社会认同，以及是否存在社会融合的机会。

其次，文化教育。评估城市中的文化教育机会和资源，以及文化教育是否有助于提高社会凝聚力。

最后，社会参与。研究文化活动是否有助于增加居民的社会参与，以及文化团体是否参与社会公益活动。

2. 生态协调性的定性评价指标

（1）生态环境保护

生态环境保护是一个关键的定性指标，用于评估城市化是否对生态环境产生了不利影响。这个指标可以通过以下方式进行评估：

首先，自然资源保护。研究城市化过程中是否采取了措施来保护自然资源，如水源、森林和土地。

其次，污染控制。评估城市的污染控制政策和实践，以及是否减少了污染排放。

最后，生态系统保护。分析城市周围的生态系统是否得到了有效保护，如湿地、野生动植物栖息地等。

（2）可持续发展措施

这个指标用于评估城市是否采取了可持续发展措施来减轻生态压力。它可以通过以下方式进行评估：

首先，绿色基础设施。研究城市是否投资建设绿色基础设施，如城市公园、自行车道和绿色建筑。

其次，可再生能源。评估城市的可再生能源政策和实践，以减少对非可再生能源的依赖。

最后，生态教育。分析城市中的生态教育机会和资源，以提高居民的生态意识和行为。

（3）生态平衡与城市规划

这个指标关注城市规划是否考虑了生态平衡。它可以通过以下方式进行评估：

首先，用地规划。研究城市土地利用规划是否充分考虑了生态系统的需要，如湿地和自然保护区的保留。

其次，交通规划。评估城市的交通规划是否有助于减少交通拥堵和空气污染，以保护生态环境。

最后，城市绿化。分析城市内的绿化政策和实践，以增加城市绿色空间和生态景观。

3. 社会协调性的定性评价指标

（1）社会公平与平等

社会公平与平等是一个关键的定性指标，用于评估城市化是否促进了社会的公平和平等。这个指标可以通过以下方式进行评估：

首先，社会服务均等性。研究城市中各社会群体是否平等享有教育、医疗和社会服务，以及是否存在服务不均等的情况。

其次，收入不平等。评估城市中的收入分配是否合理，以及是否存在贫富差距过大的问题。

最后，社会融合。分析城市中不同社会群体之间的社会融合程度，包括不同种族、文化和经济背景的人们是否有平等的社交和参与机会。

（2）社会福利与人民生活水平

这个指标关注城市化是否提高了社会福利和人民的生活水平。它可以通过以下方式进行评估：

首先，教育水平提升。研究城市化是否促进了教育机会的增加，以及教育水平是否提高。

其次，医疗保障。评估城市中的医疗保障体系是否完善，以及居民是否能够获得高质量医疗服务。

最后，居住条件改善。分析城市居民的居住条件是否得到改善，如住房质量和基础设施的提升。

（3）社会凝聚力与参与

社会凝聚力与参与是一个重要的定性指标，用于评估城市化是否增强了社会凝聚力和居民的社会参与。它可以通过以下方式进行评估：

首先，社会组织活跃度。研究城市中社会组织的数量和活动水平，以了解居民是否积极参与社会活动。

其次，社交互动。评估城市居民之间的社交互动频率，包括社会活动、邻里互助和志愿服务等。

最后，政府参与。分析居民对城市规划和政策制定的参与程度，以及政府是否鼓励公众参与决策过程。

（二）定量评价指标

定量评价指标是通过数值化数据来度量城镇化协调耦合性的程度和趋势的。这些指标提供了更具客观性和可比性的评估方法。例如，可以使用定量指标来测量城市经济增长率与环境污染水平之间的关系，或者社会福利指数与就业机会之间的关系。定量评价指标通常使用统计数据和数学模型来计算。

1. 经济与环境协调性的定量评价指标

（1）经济增长率与环境质量指数

这一定量指标用于衡量城市化中经济增长与环境质量之间的协调性。计算方法包括：

首先，经济增长率。以年度 GDP 增长率为基础，该数据通常由国家统计机构提供。

其次，环境质量指数。采用综合的环境质量指数，包括空气质量、水质、土壤质量等，通过监测数据和污染源排放数据计算。

最后，数据关联。通过统计方法分析经济增长率与环境质量指数之间的相关性，以确定协调性水平。

（2）资源利用效率

这个指标用于评估城市化过程中资源的利用效率，包括能源、水资源和土地。计算方法包括：

首先，能源利用效率。以单位 GDP 产出的能源消耗量为指标，比如每万元 GDP 所需的能源消耗量。

其次，水资源利用效率。以单位产出的水消耗量为指标，比如每吨产出所需的水量。

最后，土地利用效率。以单位 GDP 产出的土地面积为指标，比如每万元 GDP 所需的土地面积。

（3）环境污染排放与治理

这个指标用于度量城市化中环境污染排放量与治理效果之间的协调性。计算方法包括：

首先，污染物排放量。统计城市化过程中主要污染物的排放量，如二氧化碳、氮氧化物、硫氧化物等。

其次，污染物治理效果。评估城市的环境治理政策和实践，包括污染物减排率、废水处理率等。

最后，数据分析。通过对排放量和治理效果的数据进行对比和分析，评估城市化中环境污染控制的协调性水平。

2. 社会与文化协调性的定量评价指标

（1）社会多样性指数

社会多样性指数用于衡量城市化中社会多样性与社会稳定之间的协调性。计算方法包括：

首先，社会多样性。根据人口普查数据或调查问卷数据，计算不同文化背景、宗教信仰、种族等社会多样性的指数。

其次，社会稳定。评估城市社会的稳定程度，包括社会冲突率、犯罪率、社会不平等指数等。

最后，数据分析。通过分析社会多样性与社会稳定之间的关系，评估城市化中社会多样性与社会稳定的协调性。

（2）文化交流与融合指标

这个指标用于衡量城市化中不同文化群体之间的交流和融合程度。计算方法包括：

首先，文化交流率。根据社交媒体数据、文化活动参与率等，计算不同文化群体之间的交流率。

其次，文化融合程度。评估城市化过程中文化元素的融合程度，如风格、习惯、语言等。

最后，数据关联。通过分析文化交流率与文化融合程度之间的关系，评估城市化中文化交流与融合的协调性水平。

（3）社会参与率与社会公平

这个指标用于衡量城市化中社会参与率与社会公平之间的协调性。计算方法包括：

首先，社会参与率。根据公民参与政府决策、参与社会活动、志愿服务等数据，计算社会参与率。

其次，社会公平指数。评估城市社会的公平程度，包括收入平等指数、教育公平指数等。

最后，数据分析。通过对社会参与率与社会公平指数之间的关系进行分析，评估城市化中社会参与社会公平的协调性。

3. 社会与环境协调性的定量评价指标

（1）社会福利与生态保护指标

这个指标用于度量城市化中社会福利和生态保护之间的协调性。计算方法包括：

首先，社会福利指数。以各项社会福利数据为基础，包括教育水平、医疗保障、住房质量等，计算城市社会福利指数。

其次，生态保护指数。综合考虑生态系统健康、自然资源利用和环境质量等数据，计算城市生态保护指数。

最后，数据关联。通过分析社会福利指数与生态保护指数之间的相关性，评估城市化中社会福利与生态保护的协调性。

（2）可持续发展指标

可持续发展指标用于评估城市化是否朝着可持续方向发展，同时考虑社会和环境因素。计算方法包括：

首先，可持续发展指数。以经济增长、社会福利、环境保护等综合数据为基础，计算城市可持续发展指数。

其次，环境影响评估。分析城市化过程中的环境影响，如碳排放、能源消耗、水资源利用等。

最后，数据整合。通过整合可持续发展指数和环境影响评估，评估城市化中可持续发展与环境保护的协调性。

（3）城市规划与生态平衡指标

这个指标用于评估城市规划是否充分考虑了生态平衡。计算方法包括：

首先，城市用地规划。分析城市土地用途规划，包括住宅区、商业区、绿地等，以评估用地规划是否有助于生态平衡。

其次，交通规划。评估城市交通规划是否减少交通拥堵和减少对环境的不利影响。

再次，生态保护措施。分析城市规划中的生态保护措施，如湿地保护、绿地建设等。

最后，数据整合。通过整合城市规划、交通规划和生态保护措施的数据，评估城市化中城市规划与生态平衡的协调性。

二、城镇化协调耦合性评价指标的构建方法

（一）构建定性评价指标

定性评价指标的构建通常涉及以下步骤。

1. 问题定义

要评价城镇化中社会与文化的协调耦合性，首先需要明确定义评价的具体方面。这可以包括文化尊重程度、文化与经济协调、文化交流与融合等。在本文中，我们将以文化尊重程度为例来说明定性评价指标的构建方法。

2. 数据收集

为了评估城镇化中文化尊重程度，需要收集相关的定性数据。这些数据可以来自多个来源，包括：

第一，政策文件和法律文本。收集城市政府颁布的文化保护政策文件和法律法规，以了解政府对文化尊重的法律框架。

第二，专家访谈。采访文化领域的专家和学者，以获取他们的看法和观点，了解城市文化尊重的现状。

第三，社区参与。与社区成员进行访谈和焦点小组讨论，了解他们对城市文化尊重的感受和看法。

第四，文化活动和节庆记录。收集城市内文化活动和节庆的记录，包括传统庆典、艺术表演和文化展览。

第五，媒体报道。分析新闻报道和社交媒体上的相关内容，以了解城市文化尊重的公众反应。

3. 归纳分析

在收集了上述数据之后，需要进行归纳分析，以提取关键特征和模式，从而构建定性评价指标。归纳分析的步骤包括：

首先，文本分析。对政策文件、专家访谈和社区参与的文本数据进行内容分析，以确定其中涉及的文化尊重方面的关键词和主题。

其次，主题提取。从文化活动和节庆记录中提取涉及文化尊重的主题和内容，如文化传统的表现、文化遗产的保护等。

再次，意见整合。整合专家访谈和社区参与的意见和观点，以获取不同群体的看法。

最后，媒体分析。分析媒体报道和社交媒体内容，以了解公众舆论和反应。

4. 指标构建

基于归纳分析的结果，可以构建用于评价文化尊重程度的定性评价指标。这些指标通常以描述性的方式呈现，如以下示例：

首先，文化政策一致性。描述城市政府颁布的文化保护政策是否与社会文化价值观一致。

其次，社区参与程度。描述社区居民是否积极参与文化活动和节庆，反映文化尊重的社会基础。

再次，文化多样性体验。描述城市居民是否有机会体验和参与不同文化传统和表演。

最后，文化尊重意识。描述城市居民是否具有文化尊重的意识，包括对文化多样性的尊重和认可。

（二）构建定量评价指标

定量评价指标的构建需要更系统的方法。

1. 确定指标体系

要构建定量评价指标，首先需要明确定义城镇化中经济与环境协调的各个方面。这可以包括：

首先，经济增长率与环境质量。评估城市经济增长与环境质量之间的关系。

其次，资源利用效率。衡量城市资源利用效率，如能源、水资源和土地。

最后，环境污染排放与治理。评估城市环境污染排放与治理的关系。

2. 数据获取

为了构建经济与环境协调性的指标，需要收集相关数据，这些数据可以包括：

首先，经济数据。如城市的年度 GDP 增长率、产业结构、投资水平等，这些数据通常由国家统计机构提供。

其次，环境数据。如空气质量指数、水质监测数据、土地利用数据等，这些数据可以从环境保护部门或研究机构获取。

最后，资源利用数据。如能源消耗、水资源利用、土地面积利用等，这些数据可以从相关部门或研究机构获得。

3. 数据标准化

为了确保不同类型的数据具有可比性，需要进行数据标准化。标准化方法可以包括：

首先，归一化。将数据缩放到 0~1 的范围内，以消除不同数据之间的尺度差异。

其次，标准分数计算。将数据转换为标准分数，以便比较数据的相对位置。

最后，数据转换。对数据进行适当的转换，以满足分析需求，如对数变换、百分比变化等。

4. 权重分配

确定各个指标的权重是构建评价指标体系的重要一步。权重可以通过以下方法来确定：

首先，专家调查。请相关领域的专家或决策者根据其专业知识和经验分配权重。

其次，层次分析（AHP）。使用 AHP 方法来确定各个指标的相对重要性，根据专家判断构建权重矩阵。

最后，主成分分析（PCA）。使用 PCA 方法来进行维度约简，以减少指标数量并确定各个维度的权重。

5. 指标计算

基于标准化后的数据和确定的权重，可以计算经济与环境协调性指标的值。例如，可以使用以下公式计算总体协调性指标：

$$C = \sum_{i=1}^{n} W_i \times S_i \tag{2-1}$$

式中，C 是总体协调性指标的值，W_i 是第 i 个指标的权重，S_i 是第 i 个指标的标准化值。

6. 综合评价

将各个指标的值综合起来，可以得出城镇化中经济与环境协调性的总体评价。可以采用不同的方法来综合评价，如加权求和、多维尺度分析、模糊综合评价等，以得出最终的评价结果。

7. 结果呈现

将经济与环境协调性的评价结果以可视化形式呈现，例如绘制图表、制作地图或撰写报告。这样可以使决策者和研究人员更容易理解评价结果，从而支持决策和政策制定。

通过以上步骤，可以构建一个定量评价指标体系，用于评估城镇化中经济与环境协调性的程度和趋势。这个体系将提供客观、可比较的评价方法，有助于更全面地理解城镇化的影响，并为城市可持续发展提供科学依据。

第三章　生态文明和绿色发展的概念和理论

第一节　生态文明和绿色发展的概念和内涵

一、生态文明的概念和内涵

（一）生态文明的基本概念

生态文明是一种新型文明观念，强调人类社会与自然生态系统的和谐共生与可持续发展。它超越了传统的工业文明和消费主义模式，强调了环境保护、生态平衡和人与自然的和谐关系。生态文明的核心理念包括生态优先、绿色发展、循环经济和文明与自然的和谐共生。

（二）生态文明的内涵

生态文明的内涵包括以下几个方面。

1. 生态平衡

生态文明强调维持生态系统的平衡，这意味着在城市化和经济发展的过程中，应该避免对自然环境造成不可逆的破坏。生态平衡的内涵包括以下几点。

首先，生态系统稳定性。生态平衡要求维护生态系统的稳定状态。这包括了确保生态系统内各个组成部分（如生物群落、物种和生态位）的相对稳定，不受不正常的干扰或扰动。稳定的生态系统能够自我调节，适应外部变化，并保持其功能和结构的一致性。这有助于生态系统抵御外部压力，维持其生产力和生态服务的连续性，以满足生物多样性和生态平衡的需要。

其次，物种多样性。生态平衡强调保护和维护物种多样性。物种多样性是生态系统的关键特征，它包括不同种类的生物在一个生态系统中的存在，这些生物在生态位和功能上都有所不同。物种多样性对于生态系统的稳定性至关重要，因为不同物种在不同的环境条件下可以提供不同的生态服务，包括控制病害、保护土壤、污染处理和食物供应等。生态平衡要求避免物种灭绝和维护生物多样性，以确保生态系统的健康和可持续性。

再次，资源平衡。生态平衡的概念还包括资源的平衡。这意味着在资源的采集和利用方面要谨慎，不应超过自然系统的再生和补给能力。这适用于自然资源，如水资源、森林、土壤、矿产等。通过维持资源的平衡，可以避免资源枯竭、土地沙漠化和水资源短缺等问题，确保资源的可持续供应。

最后，生态位平衡。生态位是生物在生态系统中的职责或角色，包括其所占据的生态空间、食物来源和与其他生物的相互作用。生态平衡要求各种生物种类在生态系统中保持相对稳定的生态位，以防止过度竞争导致生态位的破坏。这有助于确保生态系统中的食物链和食物网的平衡，以及不同生物之间的协同作用，从而维持生态系统的功能和稳定性。

2. 环境保护

环境保护是生态文明的核心要素之一。它包括以下方面的内涵：

首先，污染控制。环境保护的一个关键方面是控制污染。这包括减少污染物的排放，改善空气质量、水质和土壤质量。对空气质量的改善包括降低工业和交通排放的有害物质，以减少雾霾和健康问题。对水质的改善涉及污水处理和减少有害化学物质的排放，以保护水生生态系统和人类饮用水安全。土壤污染控制旨在减少土壤污染和土壤侵蚀，以维护土地的生产力和生态功能。

其次，资源保护。环境保护也包括对自然资源的保护，这些资源包括水资源、森林、土壤和矿产资源。保护水资源涉及管理和保护河流、湖泊和地下水，以维护供水、灌溉和生态系统的需求。森林保护旨在防止森林滥伐和过度砍伐，以维护生态系统的完整性和碳储存。土壤保护包括防止土地沙漠化、土壤侵蚀和化学污染，以保护农田和生态系统。矿产资源的可持续开发和利用也是环境保护的一部分，以确保资源的长期供应。

再次，生态系统保护。生态系统的保护是环境保护的关键任务之一。这包括保护湿地、森林、草地和海洋等各种生态系统。湿地保护有助于维持水文循环、生物多样性和洪水控制。森林保护不仅涉及森林资源的可持续管理，还包括栖息地的保护和防止森林火灾。草地生态系统对于牧业和野生动物保护至关重要。海洋生态系统的保护包括海洋保护区的建立、渔业资源的管理和海洋污染的控制，以维护海洋生态平衡。

最后，气候变化应对。环境保护还包括应对气候变化的行动。这涉及减少温室气体的排放，提高能源效率，推动可再生能源的发展，以减缓气候变化的影响。同时，应对气候变化还包括适应措施，如防洪工程、城市规划和农业实践的调整，以应对气温升高、降雨不规律等变化。

3. 可持续发展

可持续发展是生态文明的核心目标之一，它包括以下内涵。

首先，社会经济平衡。可持续发展倡导社会、经济和环境之间的平衡。在社会层面，这包括确保所有社会群体都能享有基本的人权、社会福利和公平机会。在经济层面，可持续发展追求经济增长与社会公平的结合，避免经济活动对社会产生不平等的影响。在环境层面，可持续发展要求经济活动不会对生态系统造成不可逆的破坏，以保护自然资源和生态平衡。

其次，资源利用效率。可持续发展强调提高资源的利用效率。这包括减少资源的浪费和能源的消耗。通过采用更节能、更高效的技术和生产方式，可以实现资源的可持续利

用，延长资源的使用寿命，减少对自然资源的依赖，降低环境负担。

再次，经济增长模式。可持续发展要求改变传统的高消耗、高排放的经济增长模式。这意味着将绿色经济原则融入经济发展中，促进可再生能源、清洁技术和循环经济的发展。同时，可持续发展强调生产和消费的可持续性，鼓励绿色消费和生产方式的采用，减少对有害物质的使用，提高生产效率。

最后，社会公平。可持续发展要求确保经济增长的红利惠及所有社会群体，减少社会不平等。这包括提供良好的教育、医疗和社会保障体系，以确保所有人都有平等的机会和福祉。可持续发展还强调包容性发展，尊重文化多样性和社会权益，以确保社会的和谐和稳定。

4. 绿色生活方式

绿色生活方式是生态文明的体现，它包括以下内涵。

首先，绿色消费。绿色生活方式倡导绿色消费，即购买环保产品和使用可再生资源。这包括选择具有环保标志的产品，如能源效率标志、有机食品、环保包装等。绿色消费还意味着减少对一次性和不可降解材料的使用，选择耐用品，减少废物产生。绿色消费者通常更关注产品的生命周期，从生产到废弃的整个过程都考虑环保因素。

其次，低碳出行。绿色生活方式鼓励采用低碳出行方式，以减少对大气的碳排放。这包括使用公共交通工具，如地铁、公交车和电车，减少个人汽车的使用。另外，自行车和步行是低碳出行的理想选择，它们既减少了碳排放，又有益于身体健康。对于长途旅行，选择高效的交通工具，如高铁或共乘服务，也有助于降低碳足迹。

再次，可再生能源。绿色生活方式倡导使用可再生能源，如太阳能和风能，以减少对化石燃料的依赖。在家庭和企业中广泛采用太阳能电池板和风力发电装置以发电并减少用电成本。此外，节约能源的措施，如改善建筑节能、使用 LED 照明、选择高效家电等，也是绿色生活方式的一部分。

最后，减少垃圾产生。绿色生活方式强调减少废物产生，并倡导垃圾分类和回收。这包括减少不必要的包装材料的使用，购买耐用品而不是一次性商品，以及鼓励废物回收和再利用。垃圾分类和回收有助于降低废弃物对环境的污染，减少垃圾填埋和焚烧，同时回收可再生资源。

二、绿色发展的概念和内涵

（一）绿色发展的基本概念

绿色发展是指在经济发展的过程中，通过采用可持续发展的方式，减少对自然环境的负面影响，实现生态环境和经济效益的双赢。它强调经济增长与资源利用、环境保护的协调，以满足当前和未来代际的需求。绿色发展的关键特征包括低碳经济、清洁生产、资源节约和环境友好。

（二）绿色发展的内涵

绿色发展的内涵包括以下几个方面。

1. 低碳经济

首先，低碳经济的核心目标是减少碳排放。这意味着在生产、消费和社会活动中尽量减少二氧化碳（CO_2）等温室气体的排放，以降低对全球气候变化的影响。低碳经济视碳排放为一项关键指标，通过采用清洁能源、能源效率提升、碳排放监测和减排措施来实现减排目标。

其次，低碳经济倡导采用清洁能源。这包括太阳能、风能、水能等可再生能源的广泛应用。清洁能源具有低碳排放、可再生、环保的特点，可以替代传统的化石燃料，降低能源相关的碳排放。

再次，低碳经济推动能源效率提升。这包括改进生产工艺、优化能源利用、减少能源浪费等措施，以实现在生产和消费中更少的能源使用，从而降低碳排放。

此外，低碳经济还涵盖了低碳交通和节能建筑。低碳交通鼓励使用公共交通、自行车、步行等低碳出行方式，减少汽车尾气排放。节能建筑采用高效隔热材料、智能控制系统等技术，减少建筑能耗，降低碳足迹。

最后，碳排放监测和减排措施是低碳经济的重要组成部分。通过监测和报告碳排放量，企业和政府可以识别碳足迹并采取相应的减排措施，以达到碳中和或碳负担的目标。

2. 清洁生产

首先，清洁生产是绿色发展的核心要素之一。它强调在生产和制造过程中减少对环境的不利影响，包括减少污染物排放、资源浪费和生态系统破坏。清洁生产的内涵和重要性如下：一是减少污染物排放。清洁生产着重减少工业过程中的污染物排放，包括大气污染物、水污染物和固体废弃物。这可以通过改进生产工艺、使用环保技术和设备以及采用更清洁的燃料来实现。二是提高资源利用效率。清洁生产旨在提高资源的利用效率，减少资源浪费。这包括最大限度地回收和再利用材料，减少原材料的使用，以及优化生产过程以减少能源和水的消耗。三是采用绿色化学品和材料。清洁生产鼓励使用环保和无害的化学品和材料，以减少对生态系统和人类健康的潜在危害。这意味着替代有害的化学品和材料，以降低环境和健康风险。四是环境管理和监测。清洁生产要求企业实施有效的环境管理体系，以监测和控制生产活动对环境的影响。这包括定期的环境审计、报告和改进措施，确保企业遵守环境法规和标准。五是优化生产过程。清洁生产鼓励企业对生产过程进行优化，以减少资源消耗和废物产生。这可以通过工艺改进、自动化技术和节能设备的使用来实现。

其次，清洁生产对可持续发展具有重要意义。它有助于降低环境压力，减少对自然资源的依赖，提高企业的竞争力，同时有助于减少社会和环境成本。清洁生产不仅有益于环境保护，还能够促进经济增长和社会福祉的提高。

再次，清洁生产需要企业、政府和社会各方的共同努力。企业需要采取措施改善生产

工艺，政府需要设立环境法规和标准，鼓励清洁生产实践，社会需要提高对清洁生产的认识和支持。

最后，清洁生产是实现绿色发展和生态文明的关键之一。它有助于平衡经济增长和环境保护，推动可持续发展的实现，对于解决当今社会和环境问题具有重要作用。因此，清洁生产应被视为重要的发展战略，得到广泛地推广和应用。

3. 资源节约

首先，资源节约是绿色发展的核心要素之一。它强调最大限度地减少资源的浪费和消耗，以确保资源的可持续供应。以下是资源节约的一些重要方面：一是材料循环利用。资源节约鼓励企业和个人回收和再利用材料，以减少新资源的开采和制造。这包括废旧物品的再加工和再生利用，如废纸、金属、塑料等的回收利用。二是废物减量化。资源节约的目标之一是减少废弃物的产生。这可以通过生产过程的优化，减少废弃物产生的环节，降低生产过程中的资源浪费。三是能源效率。提高能源的效率使用是资源节约的重要方面。这包括采用节能技术、设备和实践，以减少能源消耗，减少对化石燃料的依赖。四是水资源管理。资源节约还包括提高水资源的效率使用。这可以通过减少水的浪费、采用节水技术和循环水系统来实现。五是生产过程优化。优化生产过程是资源节约的关键。通过改进工艺流程、生产设备和管理实践，可以降低资源消耗和废弃物产生。

其次，资源节约对于可持续发展至关重要。它有助于延长有限资源的使用寿命，减少对自然环境的压力，降低生产和消费的成本，提高企业的竞争力。资源节约还有助于减少环境污染和温室气体排放，有利于气候变化应对。

再次，资源节约需要各级政府、企业和个人的共同努力。政府可以设立资源管理政策和法规，鼓励清洁生产和循环经济。企业可以采取措施改进生产工艺，降低资源消耗。个人可以通过减少浪费、回收和节能来贡献资源节约的力量。

最后，资源节约是实现绿色发展和生态文明的关键一步。它有助于平衡经济增长和资源保护，推动可持续发展的实现，对于实现生态平衡和可持续未来具有重要作用。因此，资源节约应被视为战略性的发展目标，应该得到广泛的关注和实施。

4. 环境友好

绿色发展注重环境保护。这通过采用环保技术和政策来实现，以减少对生态系统的破坏。这包括保护生态系统、湿地和自然栖息地，减少土壤和水体污染，维护生物多样性，以确保地球的生态平衡。

首先，保护生态系统。环境友好的绿色发展是保护生态系统的基础。生态系统包括森林、湿地、草原、海洋等多种自然栖息地，它们提供了食物、水源、气候调节等生态服务，维持着地球的生态平衡。环境友好的绿色发展致力于减少对这些生态系统的破坏，确保它们的长期健康。

其次，减少污染。环境友好的绿色发展也着眼于减少土壤、水体和大气的污染。污染对人类健康和生态系统都造成了严重威胁，因此，通过环保技术和政策来减少污染是至关重要的。这包括控制工业废物排放、减少化学物质的使用、实施废弃物回收和处理等措施。

再次，维护生物多样性。生物多样性是生态系统的重要组成部分，对生态平衡和人类生存具有重要意义。环境友好的绿色发展强调了维护和恢复生物多样性的重要性，包括保护濒危物种、建立自然保护区和采用可持续的土地利用方式。

最后，气候变化应对。气候变化是全球性的环境挑战，对地球的生态平衡产生了严重影响。环境友好的绿色发展追求低碳经济和减少温室气体排放，以应对气候变化。这包括推广清洁能源、改善能源效率、实施碳排放交易等措施。

三、生态文明的核心原则

生态文明的核心原则包括以下五条。

（一）生态优先原则

首先，生态优先原则强调生态环境的重要性。生态环境是人类生存和发展的基础，包括大气、水域、土壤、生物多样性等各个方面。这些生态系统提供了人类生活所需的食物、水资源、气候调节、自然美景以及其他生态服务。因此，保护生态环境对于维护人类的福祉至关重要。

其次，生态优先原则要求在决策和发展中考虑生态环境的影响。这意味着在制定政策、规划城市、开展工业和农业活动时，必须首先评估其对生态系统的潜在影响。这包括对自然资源的合理利用、对生态系统的保护、对污染物排放的控制等。例如，规划城市时，需要考虑到绿地的保留，以维护城市的生态平衡；在决定是否建设一座水坝时，需要综合考虑其对河流生态系统的影响。

再次，生态优先原则鼓励采取可持续发展的发展路径。这意味着经济和社会发展不应以牺牲生态环境为代价。相反，应当追求生态与经济的协同发展，通过可持续发展的资源管理、绿色技术的采用和环境政策的制定，实现生态系统的保护和经济增长的同步实现。可持续的发展路径有助于满足当前和未来代际的需求，防止资源的过度消耗和环境的破坏。

最后，生态优先原则涵盖了社会责任和道德观念。它要求人们在行为和决策中充分认识到人类社会与自然界的相互依存性。这意味着我们有责任保护和维护自然界的生态平衡，不仅是出于自身的利益，也是对未来代际的尊重和道德责任。通过生态优先原则，我们强调了与自然界和谐共生的道德和伦理观念，强调了我们的责任和使命。

（二）循环经济原则

首先，循环经济原则的核心是资源的循环利用。这意味着资源不应该被看作是一次性消耗品，而是应该被设计和管理成可以反复使用的产品和材料。通过循环利用，可以延长资源的使用寿命，减少对有限自然资源的依赖。这有助于减少资源的枯竭，降低资源的采

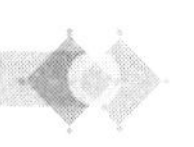

集成本，并减轻资源供应的压力。

其次，循环经济原则要求减少废弃物产生。废弃物不再被视为资源的终点，而是被视为资源重新进入循环的起点。这意味着废弃物被最小化，同时可以通过回收、再生和重新利用来减少其对环境的不良影响。通过减少废弃物产生，可以减少对垃圾填埋和焚烧等处理方式的需求，从而减少环境污染和资源浪费。

再次，循环经济原则有助于提高经济效率。通过有效的资源管理和循环利用，企业可以降低成本，提高生产效率，增加竞争力。这对经济的可持续增长至关重要，因为资源的高效利用意味着更多的价值可以从有限的资源中获得，从而推动经济增长。

最后，循环经济原则降低了对自然环境的压力。传统的线性经济模式，即“采用—制造—使用—丢弃”，通常导致大量资源浪费和环境污染。相比之下，循环经济通过减少资源采集、降低废弃物排放和减少污染物的释放，有助于降低对自然环境的不利影响。这有助于实现经济与环境的协调发展。

（三）可持续发展原则

首先，可持续发展强调社会、经济和环境的平衡。这一原则要求不仅要关注经济增长，还要关注社会公平和环境保护。它意味着经济活动和社会发展不应该以牺牲环境为代价，而应该通过可持续发展的方式实现社会的繁荣和环境的健康。

其次，可持续发展考虑了长期影响。这意味着不仅要满足当前代际的需求，还要考虑未来代际的需求。可持续发展原则鼓励长期规划和决策，以确保资源和环境的可持续性发展，避免资源的枯竭和环境的恶化。

再次，可持续发展要求提高资源利用效率。这包括减少资源浪费、提高能源效率、优化土地利用等。通过更有效地使用资源，可以实现经济增长和资源管理的双赢，从而提高社会的可持续性发展。

最后，可持续发展强调国际合作和共享责任。全球性问题，如气候变化和生态破坏，需要国际社会共同努力来解决。可持续发展原则认识到了全球性挑战，并鼓励各国之间的合作和共享责任，以实现全球可持续发展目标。

（四）生态伦理原则

首先，生态伦理强调人类社会与自然界的和谐共生。这一原则认为，人类不是自然界的主宰，而是自然界的一部分。人类社会依赖于自然界的资源和生态系统，因此，应该尊重自然界的权益和规律。生态伦理强调人与自然的相互依存性，提醒人们不要过度剥削自然资源，以免破坏自然环境和生态平衡。

其次，生态伦理要求尊重自然规律。这意味着人类社会的行为和决策应该遵循生态系统的规律和自然界的法则。例如，不应该过度捕捞海洋资源，以免破坏海洋生态系统的平衡。生态伦理鼓励人们采用可持续发展的决策和行为，以保护生态系统的健康。

再次，生态伦理强调责任和关怀。这一原则要求人们对自然环境负有道德责任，并表现出对生态系统的关怀。人们应该采取行动来保护环境，减少对生物多样性的威胁，并改善生态系统的健康。这包括采用环保政策、支持可持续发展项目以及参与环保活动。

最后，生态伦理鼓励采用可持续的生活方式和发展模式。这一原则认为，传统的高消耗和高浪费的生活方式和发展模式对环境造成了不可持续的压力。生态伦理倡导人们采用绿色、低碳的生活方式，减少对自然资源的依赖，降低生态负担。这包括节约能源、减少废物产生、支持可再生能源等。

（五）全球合作原则

全球合作原则强调了跨国界合作的重要性，以制定全球环境政策和行动。这包括国际合作来解决气候变化、生物多样性保护、跨境污染等全球性环境挑战。只有通过国际合作，才能应对全球性问题，维护地球的生态平衡。

首先，全球合作原则认识到生态问题具有全球性。环境污染、气候变化、生物多样性丧失等问题不受国界限制，它们的影响跨越国际界限。因此，解决这些问题需要国际社会的协同努力。全球合作原则强调了全球性环境挑战的紧迫性和跨国界性质。

其次，全球合作要求各国共同合作制定全球环境政策。这包括国际协议和公约的签署与实施，以规范国际环境行为。例如，《巴黎协定》旨在应对气候变化，要求各国共同承担减排责任。全球合作原则鼓励各国通过协商和协作解决环境问题，共同制定可行的解决方案。

再次，全球合作要强调跨国界资源管理。自然资源如大气、海洋和国际河流通常跨越多个国家，需要国际合作来保护和管理。这包括通过国际协定来管理跨国界水资源、渔业资源和空气质量等。

最后，全球合作则鼓励知识共享和技术转让。在解决全球性生态问题时，各国可以共享科学研究成果、环境技术和最佳实践。这有助于提高全球社会对环境问题的理解，促进可持续发展。

这些原则指导着生态文明的发展和实践，旨在实现可持续地社会、经济和环境发展，维护地球的生态平衡。生态文明的理念和原则在当今全球范围内得到越来越多的关注，并成为应对气候变化和环境问题的重要指导思想。

第二节　生态文明和绿色发展的理论基础和价值取向

一、生态学理论对生态文明的影响

（一）生态学的定义

1. 生态学的概念

生态学是一门科学，专注于研究生态系统及其内部组成要素之间的相互关系和相互

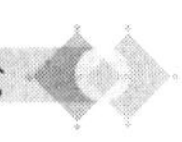

作用。它涉及生物体与环境之间的复杂互动，旨在理解自然界中各个生态过程的原理和规律。

2. 生态学的重要性

生态学为生态文明提供了重要的理论基础，它强调了环境与生物体之间的协同演化和相互依赖关系。生态学的研究对象不仅包括生物体的种类和数量，还包括它们的相互关系以及它们与环境之间的相互作用。这一综合性的研究方法有助于深入理解生态系统的稳定性和脆弱性，为构建生态文明提供了科学依据。

（二）生态学与生态文明

1. 强调生态系统的复杂性

生态学的理论强调了生态系统的复杂性，即生态系统内部包含多个生物体、物种、互动和循环过程。这个理论基础使我们认识到，改变生态系统的某一部分可能会对整个系统产生深远影响。生态文明正是受到这一观点的启发，强调了各要素之间的协同作用和相互影响，以确保整体生态系统的健康。

2. 人类活动对生态系统的影响

生态学理论还强调了人类活动对生态系统的影响。随着人类社会的发展，人类对自然环境的利用和改变日益增多，这导致了生态系统的不稳定和生物多样性的丧失。生态学通过研究生态系统的恢复和稳定机制，为生态文明提供了改善人类与环境关系的思路和方法。

3. 物种多样性与生态平衡

生态学理论还强调了物种多样性和生态平衡的重要性。生物多样性对维护生态系统的稳定和抵抗外部干扰具有重要作用。生态文明关注保护和促进生物多样性，以及维护生态平衡，确保生态系统的长期健康。

（三）生态学的应用

1. 自然保护区管理

生态学理论在自然保护区管理方面发挥了重要作用。通过了解自然保护区内各种生物体的相互关系和生态过程，管理者能够制定更有效的保护措施，以维护物种多样性和生态系统的完整性。

第一，生态学理论提供了一系列基本原则，有助于管理者更好地理解生态系统的运行方式。这些原则包括种群动态、生态位、食物链和食物网、生态系统稳定性等，它们为管理者提供了洞察生态系统中不同要素之间相互作用的工具。通过理解这些基本原则，管理者能够更好地评估自然保护区内生物体的生存状况，预测潜在的生态问题，并采取相应的措施进行干预和管理。

第二，生态学理论为种群管理和保护提供了有力的指导。管理者可以利用种群生态学的知识来监测和维护关键物种的种群健康。这包括种群数量的监测、栖息地管理、物种迁徙模式的了解以及对种群遗传多样性的保护。通过采用这些方法，管理者能够更好地保护濒危物种，维持生态系统的稳定性，确保生物多样性的长期保护。

第三，生态学理论还为自然保护区的生态系统管理和恢复提供了关键支持。管理者可以运用生态学原理来重建或改善受到干扰的生态系统，例如，通过野火、人类活动改善气候变化所受损的生态系统。生态学提供了关于植被恢复、土壤修复、水体生态学和野生动植物重引入等方面的指导。这有助于自然保护区内的生态系统恢复其天然功能和生物多样性。

第四，生态学理论也在评估和应对生态风险方面发挥了作用。管理者可以利用生态学的方法来识别潜在的威胁，如入侵物种、气候变化、污染等，并制定相应的管理策略来减轻这些威胁。生态风险评估可以帮助管理者了解自然保护区的脆弱性，采取预防措施，以及在风险发生时进行紧急响应。

第五，生态学理论也有助于教育和公众参与。管理者可以运用生态学的知识来向公众传达自然保护的重要性，增加公众对生态系统和物种保护的认识。生态学的原理可以帮助解释自然界中的现象，激发公众的环保意识，并鼓励他们积极参与自然保护区的管理和保护工作。

2. 生态系统恢复

生态学的原则也被广泛应用于生态系统的恢复工作中。通过了解受损生态系统的功能和结构，生态学家能够提供指导，帮助恢复受损的生态系统，使其重新建立稳定的生态平衡。

第一，了解受损生态系统的结构和功能是恢复的第一步。生态学家进行生态学调查和评估，以确定生态系统的受损程度和关键问题。这包括研究受损区域的土壤特性、植被类型、野生动植物物种和生态过程的状况。通过深入了解问题的性质，恢复者可以制订相应的恢复计划，明确目标和恢复的路径。

第二，生态学原理强调了生态系统的结构和功能之间的紧密关联。在恢复过程中，管理者努力恢复受损生态系统的结构和功能。这包括重新引入关键物种、恢复植被、重建食物网、恢复生态过程如物质循环和生态位的功能。通过模拟自然过程和相互作用，管理者可以促使生态系统重新建立其天然的生态平衡。

第三，物种多样性是生态系统的关键特征，对其恢复至关重要。生态学原理强调了物种之间的相互作用和生态位的重要性。在恢复工作中，管理者通常设法恢复受损生态系统的物种多样性。这包括引入濒危物种、恢复栖息地以支持野生动植物的繁殖和迁徙，以及控制入侵物种的扩散。通过恢复物种多样性，生态系统能够更好地适应变化和应对生态风险。

第四，生态学原则还强调了持续监测和适应管理的重要性。一旦恢复工作开始，监测将有助于评估恢复进展，确定成功的指标，以及根据新的信息进行适应性管理。监测可以帮助管理者调整恢复策略，应对未来的挑战和变化，确保恢复的持续成功。

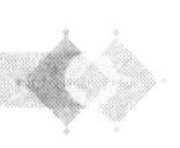

第五，生态学原理也强调了公众参与和教育的必要性。恢复工作通常涉及社区和利益相关者。通过教育和参与，管理者可以增加公众对恢复工作的理解和支持，建立社会共识，以确保恢复工作的可持续性。

3. 可持续农业和城市规划

生态学的观点在农业和城市规划等领域也有所应用。可持续农业依赖于生态学原则，以最大限度地减少对环境的负担，同时提高农业生产的效率。城市规划中的绿色基础设施和生态友好型城市设计也受到生态学原则的启发，旨在实现城市与自然环境的和谐共生。

（1）可持续农业：生态学原则的应用

可持续农业是一种基于生态学原则的农业模式，旨在最大限度地减少对环境的负担，同时提高农业生产的效率和产量。以下是生态学原则在可持续农业中的应用。

首先，生态系统管理。可持续农业强调农田生态系统的管理和保护。生态学原理教导我们了解土壤、植被、水源和野生生物等组成要素之间的相互关系。通过维护和促进这些关系，可持续农业有助于提高土壤质量、保持水资源、减少农业化学品的使用，并提高生态系统的稳定性。

其次，多样化的农业系统。生态学的物种多样性原则也在可持续农业中得到应用。通过种植多样的农作物和引入有益的生物多样性，如天敌昆虫，可持续农业可以减少害虫和病害的传播，减少对化学农药的依赖。此外，多样化的农业系统也提供了更丰富的生态系统服务，如授粉和自然病害控制。

最后，资源效率和循环经济。可持续农业借鉴了生态学原则，强调了资源的有效利用和循环经济的构建。这包括减少农业废物的排放，通过有机废物堆肥和农田旋作来提高土壤肥力，以及采用节水灌溉系统来保护水资源。这些做法有助于减少农业对有限资源的依赖，提高农业的可持续性发展。

（2）城市规划中的绿色基础设施与生态友好型城市设计

城市规划也受到了生态学原则的启发，以实现城市与自然环境的和谐共生。以下是生态学原则在城市规划中的应用：

首先，绿色基础设施。绿色基础设施包括城市公园、绿化带、湿地保护区和自然景观等，这些都是城市中的生态系统元素。生态学原理强调城市中地生态系统对空气质量、水资源管理和野生动植物栖息地的重要性。因此，城市规划中的绿色基础设施旨在保护和促进这些生态系统，提高城市环境质量，同时提供休闲和文化价值。

其次，生态友好型城市设计。生态学原理也影响了城市设计的方式。生态友好型城市设计强调城市与自然环境的融合，通过保留自然景观、创建生态走廊和采用低影响开发等策略，实现城市与自然的和谐共存。这种设计方式有助于减少城市热岛效应、改善空气质量、提供健康的居住环境，并促进可持续的城市发展。

最后，生态系统服务。生态学原则还引入了生态系统服务的概念，这包括城市生态系统为城市居民提供的服务，如水资源供应、气候调节、食物生产和文化价值。城市规划可以通过保护和恢复城市生态系统来增强这些生态系统服务，提高城市的可持续性发展。

二、可持续发展理论与绿色发展的联系

可持续发展理论强调了满足当前世代的需求，同时不损害未来世代满足其需求的能力。这一理论基础是绿色发展的重要基石，强调了资源利用和环境保护的平衡。

（一）绿色发展是可持续发展的具体实践

绿色发展可以被视为可持续发展理论的具体实践。它旨在通过减少环境影响、提高资源利用效率和促进生态保护来实现可持续性发展。绿色发展将可持续发展的抽象理念转化为可操作的政策和行动，强调了环境友好和资源节约的发展路径。

1. 减少环境影响

绿色发展的核心目标之一是减少环境影响。这一方面涉及降低对自然资源的过度消耗，包括水资源、土壤、矿产资源等。通过采用更加环保和资源节约的生产方式，如循环经济和绿色技术，绿色发展有助于降低环境负担。另一方面，绿色发展致力于减少排放到大气、水体和土壤中的污染物，以改善环境质量和减少对生态系统的破坏。

首先，循环经济。绿色发展倡导循环经济模式，即将资源的使用、回收和再利用视为一体化的过程。这种模式有助于最大限度地减少资源浪费，延长资源的使用寿命，减少废弃物的排放。循环经济通过促进废物再利用和资源的再生产，实现了经济增长和环境保护的双赢局面。

其次，绿色技术和创新。绿色发展鼓励科学技术创新，以减少环境负担。绿色技术包括清洁能源、节能技术、环保工程等领域的创新。这些技术的应用可以降低能源消耗、减少污染物排放，并提高资源利用效率。例如，太阳能和风能等可再生能源的广泛使用有助于减少对化石燃料的依赖，减少温室气体的排放。

2. 提高资源利用效率

另一个绿色发展的关键是提高资源利用效率。这涉及有效管理资源，以确保其可持续性和长期可利用性。绿色发展鼓励生产和消费的方式更加节约和高效，以减少资源浪费。

首先，资源管理与保护。绿色发展强调了资源管理和保护的重要性。这包括保护森林、湿地、水资源和土地等自然资源，以确保它们的可持续利用。资源管理措施涵盖了森林管理的可持续实践、水资源的合理分配和土地的生态恢复等方面。

其次，节约型生产和消费。绿色发展鼓励节约型生产和消费方式。这意味着在生产过程中减少资源的使用，采用更加高效的生产技术，减少废物的产生。同时，节约型消费强调选择环保和可持续性的产品，减少浪费。

3. 促进生态保护

生态保护是绿色发展的重要组成部分。绿色发展强调了人与自然环境的和谐共生，鼓励采取措施来保护生物多样性和生态系统的完整性。

首先，保护生物多样性。绿色发展倡导保护地球上的生物多样性。这包括保护濒临灭

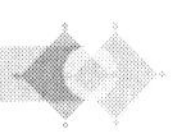

绝的物种、维护生态系统的稳定和防止外来入侵物种的扩散。生物多样性的保护有助于维护生态平衡，促进生态系统的健康。

其次，生态系统恢复。绿色发展也关注受损生态系统的恢复。通过采取恢复性措施，如重新植树、湿地修复和水体净化，绿色发展有助于修复受损的生态系统，恢复其功能和生态平衡。

（二）社会、经济和环境的协同发展

可持续发展理论为绿色发展提供了指导原则，强调了社会、经济和环境的协同发展。它认为这三个维度之间存在相互作用和相互影响，不应将它们割裂开来看待。绿色发展的目标是通过在社会公平、经济增长和环境保护之间找到平衡点来实现这种协同发展。

1. 社会公平与绿色发展

可持续发展理论强调社会公平是实现可持续性发展的一部分。绿色发展借鉴了这一理念，认为社会公平与环境保护和经济增长同样重要。以下是社会公平与绿色发展之间的联系：

首先，社会公平与绿色发展的联系。社会公平与绿色发展有着紧密的联系。绿色发展的目标之一是改善人们的生活质量，确保每个人都能享受清洁的环境和可持续的资源。为实现这一目标，需要考虑社会不平等问题，确保环保政策和项目不会对社会较弱势群体造成不利影响。

其次，社会公平的实践。社会公平的实践包括政府制定公平的法律法规，提供教育和医疗资源，确保就业机会平等分配，以及减少贫困和不平等现象。绿色发展的实践也需要将社会公平视为重要因素，确保环保措施不会加重社会不平等。

2. 经济增长与绿色发展

经济增长是社会发展的关键驱动力之一，但绿色发展强调了经济增长应与环境保护相协调。以下是经济增长与绿色发展之间的联系：

首先，经济增长对于提高人民生活水平、减少贫困、创造就业机会以及提供基本公共服务至关重要。经济增长可以带来社会的繁荣和进步。

其次，传统的经济增长模式通常随着资源过度消耗和环境污染。绿色发展强调了经济增长应该以可持续的方式实现，即不损害未来世代的资源和环境。这包括采用清洁能源、提高资源利用效率、减少废弃物排放等策略，以确保经济增长与环境保护相协调。

最后，经济增长的时间。实现经济增长与绿色发展的协同需要政府、企业和社会共同努力。政府可以通过制定环保政策、鼓励绿色创新、提供财政激励措施等手段来引导经济朝着绿色方向发展。同时，企业也可以采用环保技术和生产方式，减少对环境的不利影响，同时降低成本。

3. 环境保护与绿色发展

环境保护是绿色发展的核心要素之一，同时是可持续发展的重要组成部分。以下是环

境保护与绿色发展之间的联系：

首先，环境保护是绿色发展的核心要素之一。维护健康的生态系统、减少污染、保护自然资源对于实现可持续性发展至关重要。环境的稳定和健康直接关系到人类的生存和发展。

其次，绿色发展将环境保护视为一个基本前提。它强调了经济活动和社会发展不应该以牺牲环境为代价。绿色发展的核心理念之一是通过环保措施来实现经济增长，以及通过降低资源浪费和减少环境污染来维护生态平衡。

最后，环境保护的实践包括减少大气污染、水质改善、土地保护、野生动植物保护等多个领域。政府在制定环保政策、监管环保标准、推动清洁技术研发等方面起到重要作用。同时，企业应采取绿色生产方式，减少污染物排放，降低碳足迹，并积极参与生态恢复和环境保护项目。

第四章　城镇化协调耦合性与生态文明的关系

第一节　城镇化协调耦合性与生态文明的内在联系

一、城镇化过程中的生态问题

城镇化是现代社会的主要趋势之一，然而，城市化过程伴随着一系列生态问题，这些问题直接关系到生态文明的构建。以下是城市化过程中常见的生态问题。

（一）城市扩张导致的土地开发

随着城市不断扩张，大量的自然生态系统和农田被转化为城市化用地，这导致以下问题的出现。

1. 生态系统丧失

城市化过程中，大片原本自然的生态系统，如森林、湿地和草原等，被城市化用地所取代。这种土地开发导致了原有生态系统的彻底丧失，丧失的生态系统具有重要的生态功能，如维持水源涵养、土壤保护和生态平衡等。这对于当地生态系统的稳定性和生物多样性构成了巨大威胁。

（1）生态系统丧失的范围

随着城市的不断扩张，大片的自然生态系统，包括森林、湿地、草原和河流等，不可避免地被城市化用地所取代。这些自然生态系统在地球生态系统中扮演着重要角色，例如：

第一，水源涵养。森林和湿地是重要的水源涵养区，它们能够吸收和储存雨水，减少了洪水的风险，并提供了持续的淡水供应。

第二，土壤保护。生态系统通过保护土壤，减少了侵蚀和土地退化的风险，维持了土壤的肥力和可持续的农业生产。

第三，生态平衡。生态系统中的各种生物多样性相互作用，维持了生态平衡，控制了害虫的扩散，有助于维持农作物的生长和森林的健康。

（2）影响生态平衡的丧失

生态系统丧失对生态平衡构成了直接威胁。这导致了一系列问题出现，包括：

第一，生物多样性减少。生态系统丧失使许多野生动植物失去了栖息地，这导致了生物多样性的急剧减少。一些物种可能会面临灭绝的危险。

第二，气候变化加剧。森林和湿地在碳循环中起到了重要作用，它们吸收大气中的二氧化碳并减缓气候变化。生态系统丧失加剧了气候变化问题。

第三，水资源问题。失去了水资源涵养功能的生态系统可能导致水资源短缺和更频繁的洪水事件。

除了生态方面的问题，生态系统丧失还对社会经济产生了广泛的影响：

第一，经济损失。生态系统丧失可能导致农业和渔业产量下降，增加自然灾害的风险，并增加自然资源管理的成本。

第二，社会问题。失去自然环境对于文化传承和人们心理健康都有负面影响。生态系统丧失可能导致社会不安和生活质量下降。

2. 生物多样性减少

城市扩张破坏了原有的自然栖息地，迫使野生动植物失去了栖息和繁殖的场所。这导致了生物多样性的急剧减少，一些特有的物种甚至濒临灭绝。生态系统的丧失和碎片化进一步限制了野生动物的迁徙和生存，加剧了物种消失的风险。

首先，栖息地破坏。城市扩张破坏了原有的自然栖息地，包括森林、湿地、草原等。这些栖息地是野生动植物的家园，提供了食物、水源和庇护所。城市化将这些栖息地转化为建筑、道路和农田，导致野生动植物失去了栖息和繁殖的场所。

其次，物种消失的风险。生态系统丧失和栖息地破坏使野生动植物面临着物种消失的巨大风险。当野生动物失去栖息地，它们可能会面临饥饿、迁徙困难和遭受威胁。一些特有的物种可能濒临灭绝，这对生物多样性构成了巨大的损害。

最后，碎片化和隔离。城市化还导致了生态系统的碎片化，将原本连续的生态系统分割成片段化的小块。这种碎片化使得物种的迁徙和基因流动受到限制，增加了物种的孤立性，削弱了生态系统的稳定性和抵抗力。隔离的生态系统可能更容易受到疾病和环境变化的影响。

3. 水资源管理困难

城市扩张通常伴随着大规模的道路建设和城市排水系统的建设，这改变了地表径流和地下水循环的自然过程。水资源的分布和质量发生变化，原有的水资源管理方法变得不再适用。城市化过程中的土地开发还可能导致水体的污染和河流的改道，进一步加剧了水资源管理的困难。

首先，地表径流的改变。城市扩张常常伴随大面积的土地铺设，建设道路、建筑物和其他硬质表面。这些硬质表面会导致雨水无法渗透到土壤中，而是快速流入排水系统，形成地表径流。这种改变影响了自然的水文循环，导致洪水风险增加，并对水质产生负面影响，因为地表径流可以携带污染物进入水体。

其次，地下水循环的干扰。城市化过程中，地下水循环受到了干扰。建筑物、道路和地下管道的建设会妨碍地下水的自然流动。这导致地下水位下降，可能导致地下水资源的

过度开采。此外，地下水质量也受到威胁，因为城市活动可能导致地下水受到化学物质的污染。

再次，水体污染和改道。城市化带来了大量的工业和交通活动，这些活动通常随着废水排放和化学物质的释放。这导致了水体的污染，不仅危害了水生生物的健康，还影响了城市居民的用水质量。此外，为了满足城市用水需求，可能需要改道河流或储存水源，这也会对水体生态系统造成损害。

最后，水资源供应的不平衡。城市化过程中，人口的迅速增加通常伴随着对水资源供应的巨大需求。这可能导致水资源的不平衡分布，一些地区可能面临供水短缺，而其他地区则可能面临过度抽取的问题。水资源管理需要平衡满足城市需求和保障生态系统的水源供应。

（二）大规模的城市污染

城市化过程中，工业、交通和居民生活等活动产生大量废气、废水和垃圾，导致以下问题的出现。

1. 大气污染

首先，问题描述。大气污染是城市化过程中普遍存在的严重环境问题。城市中的交通运输、工业生产和能源消耗产生大量废气和污染物的排放，其中包括颗粒物、二氧化硫（SO_2）、氮氧化物（NO_x）、挥发性有机化合物（VOCs）等。这些污染物在大气中积聚，导致空气质量急剧下降，演变为雾霾天气，严重威胁了居民的健康和城市环境的质量。

其次，影响。一是大气污染对人类健康产生直接和间接的危害。空气中的细颗粒物（$PM_{2.5}$）和颗粒物（PM_{10}）能够深入呼吸道，引发呼吸系统疾病，如哮喘、支气管炎和肺癌。此外，污染的空气中还可能含有有害化学物质，如一氧化碳（CO）和臭氧（O_3），对心血管系统产生不良影响，增加心脏病和中风的风险。二是大气污染不仅危害了人类健康，还对城市和自然环境造成了直接的破坏。污染物沉降到地面，影响土壤和水质，威胁生态系统的完整性。此外，臭氧层的破坏也与大气污染有关，对地球的紫外线辐射过量照射产生不利影响。三是大气污染带来了巨大的社会经济成本。医疗和医疗保健支出增加，因健康问题引发的生产力损失显著。此外，政府需要投入大量资源来改善空气质量和采取污染控制措施。

2. 水质下降

首先，问题描述。城市污水排放和工业废水排放中含有各种有害物质，如重金属、有机化合物、氮、磷等，导致水质下降，是城市化过程中的重要环境问题。

其次，影响。一是水质下降直接危害水中生态系统，许多水生生物对水质的敏感性极高，受到污染物质的影响，如鱼类、水生植物和微生物，陷入生存危机。二是水质下降使城市供水面临更大挑战。因水质不达标而需要投入更多资源进行水处理，增加了供水成本。此外，水源地的水质下降可能导致供水紧张，尤其是在干旱季节。三是农业依赖水资源进行灌溉，水质下降可能导致灌溉水中含有有害物质，对农作物和土壤产生不良影响，降低农产品质量和产量。

3. 土壤污染

首先，问题描述。城市的工业活动、垃圾处理和化学品使用可能导致土壤污染，这包括土壤中存在有害物质，如重金属、有机化合物等。土壤污染问题已经引起了广泛的担忧，它可能对土壤质量和农作物的健康构成潜在的威胁，同时可能导致食品链中有毒物质的累积，对人类健康产生潜在风险。

其次，影响。一是土壤污染可能导致农产品中有害物质的积累，如重金属镉、铅，这对食品安全构成潜在威胁。二是受污染的土壤质量受到损害，可能导致土壤不适合农业生产或造成低产。三是土壤污染不仅对农田产生影响，还可能波及自然生态系统，损害土壤中的微生物和土壤生态过程。四是人类可能通过食用受污染的农产品或与受污染土壤接触，从而对健康产生潜在风险，包括慢性病和癌症的风险增加。五是一些污染物质可能在土壤中长期滞留，对土壤和环境构成持续性威胁，需要长期监测和管理。

（三）生态系统的破坏和碎片化

城市建设和基础设施建设通常会破坏原有的生态系统，并导致以下问题的出现。

1. 生态系统碎片化

首先，生态系统碎片化是城市化过程中的一个普遍问题，通常由以下因素引起。一是城市扩展。随着城市人口的增长，城市区域的扩展成为必然趋势。这导致了农田、森林和草地等自然生态系统被城市基础设施所取代，形成了生态系统碎片。二是基础设施建设。城市的道路、铁路、河流治理和建筑等基础设施项目通常会分割原本连续的生态系统，使它们变得不连续。三是农业活动。农田的扩张和耕地的改变也会导致生态系统的碎片化，特别是在农业领域使用大规模的单一作物种植。

其次，生态系统碎片化对生物多样性和生态系统健康产生了重要的影响。一是物种迁徙受限制。生态系统碎片化使得野生动物的迁徙受到限制，因为它们无法穿越城市区域或其他不连续的生态区域，这可能导致物种在局部区域过度繁殖，而在其他区域面临灭绝。二是基因流动受阻。碎片化还会减缓物种的基因流动，因为它们无法自由交配和交换基因，这可能导致基因池的贫乏，增加了物种面临的遗传问题。三是食物链中断。生态系统碎片化可能导致食物链中断，因为某些物种可能无法找到足够的食物或无法逃避捕食者。这会对整个生态系统的稳定性产生负面影响。

2. 生态系统的稳定性下降

生态系统的破坏和碎片化降低了其整体稳定性。原本相对完整的生态系统可以更好地应对外部冲击，例如气候变化、自然灾害和人类活动的影响。

第一，生态系统更容易崩溃。生态系统的稳定性降低使其更容易受到外部冲击的影响，如气候变化、自然灾害（如洪水和火灾）以及人类活动（如森林砍伐和城市扩张）。

较小的生态片段可能不具备足够的弹性，难以应对这些威胁，从而导致生态系统的崩溃和功能受损。

第二，生物多样性下降。生态系统的稳定性与其中的生物多样性密切相关。生物多样性可以提高生态系统的抗干扰能力和适应性，当生态系统稳定性下降时，往往随着物种的减少和生物多样性的下降。这可能导致某些物种的过度繁殖，而其他物种则面临灭绝。

第三，生态恢复难度增加。片段化的生态系统往往更难自我修复。原本的生态系统可能受到多方面的干扰，如入侵物种、疾病传播和资源竞争，这些因素使得恢复受损生态系统的难度增加。需要更多的时间和资源来实施恢复和修复工作。

第四，生态服务减少。生态系统的稳定性下降可能导致生态系统提供的各种服务减少，如水源涵养、土壤保护、气候调节和食物供应。这对人类社会和经济产生负面影响，可能导致资源短缺和生活质量下降。

3. 生态系统的抵抗力减弱

生态系统的破坏和碎片化还会降低其面对各种压力和威胁的抵抗力。这意味着生态系统更容易受到疾病、病虫害、气候变化和其他生态灾害的影响。

第一，疾病传播。生态系统碎片化可能导致某些野生动植物的种群密度增加，它们在狭小的片段内生活，容易成为疾病的宿主。这种情况可能促使某些疾病和病原体更容易传播，因为它们的宿主被隔离在不同的片段内，疾病扩散的速度加快，对生态系统和人类社会构成威胁。

第二，气候变化脆弱性。生态系统碎片化可能导致物种的栖息地随着气候变化而变得不适应。某些物种可能无法适应新的气温和降水模式，因为它们被固定在了片段内，无法迁徙到更适宜的环境。这使得这些物种更容易受到气候变化的负面影响，增加了其灭绝的风险。

第三，自然灾害的脆弱性。生态系统的碎片化可能使其更容易受到自然灾害的影响，如洪水、火灾和干旱。原本完整的生态系统可以在自然灾害中提供更好的保护和缓冲，但碎片化的生态系统无法提供同样的服务，使生态系统更加脆弱。

二、城镇化协调耦合性与生态平衡的关联

城镇化协调耦合性强调城市化过程中各要素之间的协同发展关系，而这些要素包括了经济、社会、环境等多个方面。与此同时，生态平衡强调了生态系统的保护和可持续利用。以下是城镇化协调耦合性与生态平衡的关联。

（一）经济、社会、环境的协同发展

1. 经济发展与环境保护的平衡

首先，为了实现经济增长与环境保护的平衡，城市规划需要鼓励绿色产业和清洁技术的发展。这意味着支持那些在资源利用效率、废物减排和环境友好方面具有竞争力的产业。通过鼓励绿色创新和投资，城市可以实现可持续发展地经济增长，同时减少环境

负担。

其次，政府和企业可以合作推动清洁技术的研发和应用。这包括开发新的可再生能源技术、提高能源效率、改善废物管理和减少污染排放。通过支持清洁技术创新，城市可以减少对有限自然资源的依赖，同时降低环境污染。

再次，城市规划在经济发展与环境保护平衡中发挥着关键作用。可持续发展的城市规划应该强调生态友好型基础设施、低碳交通系统、高效能源利用和自然保护区的保留。通过合理地土地利用规划和城市设计，城市可以减少土地开发对自然环境的破坏，提高城市的环境质量。

最后，城市管理者和规划者需要考虑环境和社会影响的全面成本。经济增长不应仅仅关注短期的经济指标，还应该考虑长期的环境和社会可持续性发展。因此，政策制定者需要制定激励政策，以鼓励企业和居民采取可持续发展的生产和消费方式，降低资源消耗和环境影响。

2. 社会公平与环境正义

首先，社会公平要求城市发展中的资源和机会公平分配，不应将社会经济的发展机会局限在少数人手中。这包括教育、就业、住房和基础设施等领域的公平机会。城市政策应该关注贫困社区的需求，确保他们能够分享城市化进程中的成果。

其次，环境正义要求城市规划和环境政策不应将环境负担过度转嫁给社会经济较弱势的群体。这意味着不应将有害的环境影响集中在低收入社区或少数族群居住的地区。城市政策应该采取措施，确保环境质量对所有居民都是公平的，并减少环境不平等。

再次，社会公平与环境正义要求城市规划和政策制定的决策过程应该具有包容性。这意味着应该鼓励广泛的公众参与，包括社区居民、弱势群体和非政府组织。决策过程的透明度和公开性有助于确保决策的合法性和可接受性。

最后，城市管理者和政策制定者应该积极倾听社区居民的声音，尊重不同群体的观点和需求。这有助于制定更具包容性和公平性的城市规划和政策，以满足不同居民的需求，减少社会不平等。

（二）城市化过程中的生态保护

1. 土地利用规划

首先，土地利用规划应优先考虑保留绿地和自然景观。城市中的绿地包括公园、森林、草地等自然空间，它们不仅提供休闲娱乐的场所，还在城市生态系统中发挥着关键作用。绿地有助于改善空气质量、调节气温、净化水源，同时提供栖息地供野生动植物使用。通过规划和保留绿地，城市可以维护生态平衡，提高居民的生活质量。

其次，湿地和水体的保护是土地利用规划的重要组成部分。湿地不仅是自然过滤器，有助于净化水源，还是众多水生物种的栖息地。城市化过程中，湿地往往受到填埋或排水的威胁，因此规划中需要明确保护湿地的政策。此外，城市周围的河流、湖泊和水库也需

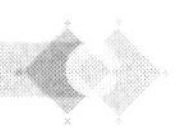

要得到保护，以确保供水和防洪功能的完整性。

再次，土地利用规划可以考虑建设生态通道和城市绿带，以促进野生动植物的迁徙和城市内的生态互联。生态通道是一种通过连接不同的自然区域，帮助野生动物跨越城市的生态走廊。城市绿带则是一种保留自然景观和生态系统的城市区域，提供了可持续的休闲和教育资源，同时有助于城市内的生态平衡。

最后，土地利用规划应与可持续发展原则相结合，并考虑智慧城市概念。可持续发展的原则包括资源利用的高效性、减少碳排放、促进循环经济等，这些原则有助于降低城市对生态系统的负担。智慧城市概念则强调科技创新的应用，以提高城市的效率和可持续性。例如，智能交通管理和能源管理系统可以减少环境污染，同时提高城市的可持续性发展。

2. 水资源管理

首先，城市化导致了对水资源供应增加压力。为了满足居民、工业和农业的需求，城市管理者需要确保水资源供应的可持续性。这包括合理规划城市水源、提高供水设施的效率、减少漏水率以及积极采用水资源再生利用等措施。可持续的供水系统有助于满足城市居民的基本需求，同时减轻了对自然水体的压力。

其次，城市化通常伴随着大规模的废水排放。为了确保水质的保护，城市管理者需要建立有效的污水处理设施，以净化废水中的有害物质。这有助于防止水质下降，保护城市供水系统的安全性。此外，推广源头控制和减少污染源也是重要的措施，以降低水体受到污染的风险。

再次，城市化可能导致洪水风险的增加。城市扩张通常伴随着土地的覆盖和河流的改道，这增加了洪水的发生概率。因此，城市管理者需要采取防洪措施，包括修建堤坝、改善排水系统、保护自然洪泛区等。这些措施有助于降低城市洪水的损害，并保护居民的生命和财产安全。

最后，水资源管理需要考虑生态系统的保护和流域管理。生态系统在水资源循环中发挥着关键作用，包括水源涵养、水质净化和生物多样性维护。城市管理者应采取措施，保护水源区域、湿地和河流，以维持生态平衡。同时，流域管理是重要的，可以协调不同地区的水资源利用，以避免跨境水资源争端。

3. 废弃物管理

首先，城市化导致了大量的生活垃圾和可回收物的产生。垃圾分类是废弃物管理的基础，通过将废弃物分为不同的类别，如有机垃圾、可回收物、有害废物等，可以提高资源的回收率。这有助于减少垃圾填埋和焚烧的需求，降低对自然资源的压力，同时减少环境污染。

其次，废弃物管理可以与循环经济原则相结合，促进可持续发展。城市管理者可以鼓励企业和居民采用循环利用的方法，将废弃物转化为新的资源。例如，废弃物中的有机物可以用于生物能源生产，废旧材料可以重新加工制造。这不仅减少了废弃物的排放，还创造了就业机会，推动了绿色经济的发展。

再次，城市废弃物的处理对环境质量至关重要。不当处理废弃物可能导致土壤污染、水体污染和大气污染等环境问题。因此，城市管理者需要建立安全的废弃物处理设施，包括垃圾填埋场、焚烧厂和垃圾处理中心。这些设施需要符合环保标准，以减少对周边环境的不利影响。

最后，废弃物管理需要公众的积极参与和教育宣传活动。城市居民需要了解垃圾分类和废弃物处理的重要性，并积极参与相关活动。城市管理者可以开展废弃物教育和宣传活动，增强居民的环保意识。同时，建立废弃物回收点和收集系统也可以方便居民参与废弃物管理。

（三）生态系统服务的提供

1. 净化服务

首先，生态系统通过吸收和过滤大气中的有害气体和颗粒物，提供了空气净化的服务。城市通常面临着大气污染的问题，如汽车尾气排放和工业废气排放。植被，尤其是树木，可以吸收二氧化碳（CO_2）、二氧化硫（SO_2）和氮氧化物（NO_x）等有害气体，并释放氧气。此外，树木的叶子和根部还可以过滤颗粒物，净化空气。因此，城市中的绿化带和森林等生态系统对于改善空气质量至关重要。

其次，生态系统在水资源净化方面也发挥着重要作用。城市的工业和生活活动通常导致水体受到污染，包括废水排放和农业径流。湿地、河流和湖泊等生态系统可以起到自然的水资源净化器的作用。它们通过吸收和转化污染物，降低了水体中污染物的浓度，从而保持了水质。此外，湿地还可以防止洪水，降低城市洪水风险。

再次，为了维持生态系统的净化服务，城市管理者需要采取措施来保护和管理这些生态系统。这包括建立自然保护区、湿地保护和树木保护等措施。此外，城市规划应考虑到生态系统的存在和重要性，确保城市发展不会对这些生态系统造成不可逆的损害。生态系统的管理需要综合考虑生物多样性、土壤质量、水资源管理和气候适应等因素，以实现城市环境的可持续发展。

最后，生态系统的净化服务直接影响了城市居民的健康和生活质量。改善空气质量可以降低呼吸道疾病和心血管疾病的发病率，提高生活满意度。水资源的净化有助于保障城市居民的供水安全和食品安全。此外，接触自然环境也有益于心理健康，减轻城市生活压力。

2. 提供服务

首先，农田是城市食物供应的核心。可持续的农田管理包括合理的土地利用、农业实践和农田生态系统保护。合理的土地利用规划有助于保留农田，并确保其不受城市扩张的过度压力。农业实践需要考虑到土壤健康、水资源利用效率以及农作物的多样性。此外，农田生态系统的保护有助于维持自然授粉和生态平衡，减少了农业对化学农药和化肥的依赖，从而提高了食品的可持续性。

其次，森林资源不仅提供了木材，还提供了其他生态系统服务，如空气净化、水资源保护和生物多样性维护。可持续地森林管理需要平衡木材采伐与森林保护之间的关系。这包括选择合适的木材采伐方式、进行森林再生、防止非法伐木以及保护珍稀濒危物种的栖息地。

再次，水资源对城市的供水、农业和工业生产至关重要。可持续的水资源管理包括水资源保护、有效用水管理和水质保护。保护自然水体和湿地有助于维护水资源的可持续性发展。同时，采用现代的农业灌溉技术和水资源循环利用有助于提高用水效率。水质保护则涉及污水处理和工业废水处理，以确保城市居民获得高质量的饮用水。

最后，自然生态系统也提供了能源和矿产资源，如化石燃料、矿物资源和可再生能源。可持续地资源管理需要平衡能源需求和环境保护之间的关系。减少对化石燃料的依赖，发展可再生能源，采用高效的采矿技术，这都有助于确保资源供应的可持续性发展。

3. 调节服务

首先，生态系统通过调节气候对城市的气温和湿度产生影响。城市热岛效应（Urban Heat Island）是城市化过程中常见的问题，由于城市中的建筑和道路吸热能力高，导致城市比周围地区更热。自然生态系统如森林、湿地和草地具有调节气温的能力，通过蒸发、阴凉和气候平衡来减缓城市热岛效应。城市规划应当保留和增强这些生态系统，以改善城市的气候条件。

其次，生态系统在洪水防控中发挥了关键作用。湿地和河流泛滥区域可以吸收和储存雨水，减少洪水威胁。城市扩张常常破坏了这些生态系统，导致洪水风险增加。城市规划需要考虑到生态系统的保护，通过保留湿地和河流泛滥区域，实施绿色基础设施建设，以减轻洪水对城市的影响。

再次，一些生态系统有助于控制疾病传播。例如，湿地可以充当蚊子的繁殖场，但也可以是一种自然的疾病控制机制，通过吸收水分和减少蚊子的栖息地，减缓了疾病传播。城市规划可以通过合理的生态保护来减少疾病传播的风险，提高城市居民的身体健康。

最后，生态系统有助于维护生物多样性。城市通常是生物多样性丧失的热点，但一些城市绿地和保护区可以提供栖息地，支持野生动植物的生存。城市规划可以包括建设城市公园、自然保护区和野生动物走廊，以促进城市生物多样性的维护。

第二节　城镇化协调耦合性对生态文明的影响和贡献

一、城镇化协调耦合性对生态文明的影响

城镇化协调耦合性是指城市化过程中城市和乡村之间的相互关系和协同发展。这种协

调性对生态文明的影响和贡献是多方面的。

（一）自然资源的合理利用

城镇化协调耦合性强调城市和乡村之间的互补性。城市需要大量的自然资源，如水资源、能源和土地，而这些资源主要来自乡村地区。合理协调城市和乡村之间资源的供应和需求，可以有效减少资源的浪费和过度开采，有助于保护自然资源，实现可持续地资源利用。

1. 水资源管理

首先，城市需要大量的水资源来满足居民、工业和农业的需求。协调城市和乡村之间的水资源供应，确保供水的安全性和稳定性。此外，城市可以推广节水技术和意识，减少水资源的浪费。

其次，乡村地区通常是水资源的重要来源，如河流、湖泊和地下水。合理协调城市和乡村之间的土地，保护水源地的生态系统，防止水资源的污染和枯竭。

2. 能源利用与清洁能源推广

首先，城市需要大量的能源，如电力和燃料，来满足工业、交通和居民生活的需求。与乡村地区合理协调能源供应，确保城市的能源稳定供应。

其次，城市可以通过鼓励清洁能源的使用，如太阳能和风能，来减少对传统能源的依赖，降低碳排放和环境污染。

3. 土地资源管理和保护

首先，城市和乡村之间的土地利用规划应该合理协调，确保农田和自然景观的保留。这有助于维护生态平衡，减少土地的过度开发。

其次，城市化过程中需要土地用于城市建设，但也需要保护农田和自然景观。采用土地保护措施，如设立土地保护区和推动可持续土地管理，有助于减少土地的损失和土地污染。

（二）生态保护和恢复

城市化常常随着大规模的土地开发和生态系统的破坏。然而，城镇化协调耦合性要求在城市扩张的同时，也要考虑生态系统的保护和恢复。这意味着保留绿地、湿地、森林等自然环境，维护城市周边的生态平衡。城市和乡村之间的协同发展可以通过生态保护项目和绿色基础设施的建设，有助于改善城市环境，提高生态系统的健康。

1. 绿地保护

首先，城市和乡村之间的协同发展可以通过保护和增加城市绿地来维护生态平衡。城市公园、绿化带、社区花园等城市绿地不仅提供了休闲和娱乐空间，还有助于改善空气质量、降低城市热岛效应，以及维护城市生态系统的稳定性。

其次，农田是乡村地区的重要资源，也是生态系统的一部分。合理协调城市和乡村之间的土地利用规划，保留农田，有助于维护农业生态系统、保障食品供应和降低土地的开发压力。

2. 森林保护和城市绿化

首先，城市中的森林和树木不仅美化了城市环境，还提供了休息、净化空气和调节气温的功能。合理的城市森林管理有助于提高城市生态质量。

其次，城市和乡村之间可以合作推动城市绿化项目，如树木种植、绿色屋顶和城市森林公园的建设，以增加城市的绿色空间，改善居民生活质量。

（三）环保产业和创新

城镇化协调耦合性鼓励城市发展环保产业和创新。这些产业包括清洁能源、环保科技、绿色建筑等领域，这些有助于减少城市的污染排放，提高资源利用效率。城市和乡村之间的协同发展可以促进环保产业的发展，创造就业机会，并加速环境科技的创新，为生态文明建设提供技术支持。

1. 减少污染排放和资源消耗

首先，清洁能源产业，如太阳能和风能，有助于减少城市的化石燃料使用，降低碳排放，改善空气质量，减少城市的能源依赖。这些产业的发展可以推动城市能源结构的绿色转型，降低环境污染。

其次，创新在环保领域发挥着关键作用。新的环保科技，如污水处理技术、废物回收方法和空气质量监测设备，可以帮助城市更有效地处理污染问题，减少对水资源的消耗，提高城市的环境质量。

最后，绿色交通解决方案。如改进电动汽车和公共交通，有助于减少交通领域的污染，降低城市交通拥堵。创新的城市规划方法可以改善城市布局，提高城市可达性，减少对土地资源的浪费。

2. 创造就业机会和推动经济增长

首先，环保产业的发展创造了大量就业机会，包括研发、制造、安装、维护和管理环保技术和设施领域。这些就业机会有助于减少城市的失业率，提高居民的收入水平。

其次，环保产业的创新推动了城市的经济增长。投资于环保技术和解决方案的研发不仅有助于提高城市的竞争力，还可以吸引投资和资源流入城市，促进全球贸易。

3. 为生态文明建设提供支持

首先，环保产业和创新有助于实现生态平衡。通过减少污染和资源消耗，城市可以更好地保护生态系统，维护生态平衡。这对于生态文明建设至关重要。

其次，环保产业和创新支持可持续城市发展。它们为城市提供了技术和解决方案，帮助城市更好地管理资源、减少废物和降低能源消耗，从而实现城市的可持续性发展目标。

二、城镇化协调耦合性对生态文明的贡献

（一）空气质量改善

1. 清洁能源推广

首先，清洁能源的推广是城镇化协调耦合性中的一项关键举措。城市化过程中，城市

的能源需求大幅增加，传统的煤炭和石油能源是主要的能源来源，但它们产生大量的空气污染物和温室气体排放，对环境和人类健康造成严重威胁。因此，采用清洁能源是改善城市生活质量、减少环境污染的重要途径。

其次，太阳能和风能是两种主要的清洁能源类型，它们在城市化协调耦合性中的推广具有重要意义。一是太阳能。太阳能是一种可再生能源，通过太阳能电池板将太阳光转化为电能。在城市环境中，太阳能电池板可以安装在建筑物的屋顶、墙壁或其他适当的位置上。太阳能光伏系统可以为城市提供清洁电力，减少对传统化石燃料的依赖。此外，太阳能系统还可以分散能源生产，提高城市的能源安全性。二是风能。风能是另一种可再生能源，通过风力发电机将风能转化为电能。城市地区的高楼大厦和开阔地带都适合建设风力发电机。风能系统可以为城市提供稳定的电力供应，减少对传统发电方式的依赖。风能的使用还有助于减少温室气体排放，对气候变化的缓解具有积极影响。

再次，清洁能源的推广不仅有助于降低环境污染和温室气体排放，还对城市经济产生了积极影响。以下是一些与清洁能源推广相关的经济和社会效益：一是就业机会。清洁能源领域的发展创造了大量就业机会，包括太阳能和风能系统的安装、维护和管理，以及清洁技术的研发和制造。二是经济增长。清洁能源产业的增长对城市的经济产生了积极影响。清洁技术的推广激发了新兴产业，促进了绿色创新，增加了城市的产值。

最后，清洁能源的推广还有助于提高城市居民的生活质量。减少空气污染和温室气体排放有助于改善空气质量，降低了感染呼吸道疾病的风险，增强了城市居民的健康。此外，清洁能源的使用还有助于降低能源成本，减轻了居民的能源负担，提高了生活的可持续性发展。

2. 交通改进

首先，改善城市的交通系统是城镇化协调耦合性中的一项关键措施。城市化过程中，城市人口的增加通常随着交通拥堵和尾气排放的增加，这对城市的空气质量和居民健康构成了威胁。因此，采取措施来改进城市交通系统，降低尾气排放，减少拥堵，是城市可持续发展的必要条件。

其次，以下是一些与交通改进相关的关键实践方法和特点：一是公共交通系统的发展。城市可以投资公共交通系统的建设和改进，包括地铁、轻轨、公共汽车和电车等。高效的公共交通系统可以鼓励居民减少驾驶私人汽车，从而减少交通拥堵和尾气排放。二是自行车道和步行道的建设。建设自行车道和步行道是改善城市交通的重要方式。这不仅减少了对汽车的依赖，还提供了健康的交通选择。城市可以设计友好的自行车道和步行道路网，以鼓励人们采用这些低排放的出行方式。三是电动汽车的推广。电动汽车是一种环保的出行工具，可以减少尾气排放。城市可以提供充电设施，并制订激励政策，以促进电动汽车的采用，例如减税优惠和免费停车。

再次，改善城市交通系统不仅有助于降低尾气排放，还对城市经济和社会产生了积极影响：一是减少交通拥堵。通过改善公共交通和鼓励低排放交通方式，城市可以减少交通

拥堵，提高交通效率。这有助于减少能源浪费和减少时间浪费，促进城市经济的发展。二是改善空气质量。减少尾气排放可以显著改善城市的空气质量，减少空气污染对居民健康的危害。这有助于降低呼吸系统疾病的发病率，减轻医疗负担。

最后，城市的可持续发展需要综合考虑交通系统的改进，以减少环境污染、提高居民生活质量和促进经济增长。交通改进是实现城市协调发展的不可或缺的一环，应得到政府、城市规划者和社会各界的共同努力。

3. 工业污染治理

首先，工业污染治理是城镇化协调耦合性的一个至关重要的方面。随着城市化进程的加速，工业活动在城市和周边地区迅速扩展，导致工业污染成为城市环境和生态系统健康的主要威胁之一。以下是与工业污染治理相关的关键实践方法和特点：一是清洁生产技术的采用。清洁生产技术旨在减少工业生产过程中的污染和废弃物排放。城市可以鼓励工业，企业采用更环保的生产技术，包括废物回收、废气净化和资源有效利用等。这些技术不仅有助于降低污染，还提高了生产效率。二是监管和执法措施。城市政府应该制定严格的环境法规和污染控制标准，并积极执行这些法规。政府也应该建立有效的监管机构和监测系统，确保工业企业遵守环境法规，对违规行为进行处罚，维护公平竞争环境。

其次，工业污染治理的重要性不仅在于减少环境污染，还在于改善城市和周边地区的空气质量和居民健康。以下是与工业污染治理相关的经济和社会效益：一是改善空气质量。降低工业污染有助于改善城市空气质量，减少有害气体和颗粒物的排放。这对减少呼吸系统疾病、提高居民的生活质量至关重要。二是减少环境损害。工业污染治理有助于减少环境生态系统的损害，维护生态平衡，保护生物多样性。这对城市周边的自然环境和生态系统健康至关重要。

再次，工业污染治理需要综合考虑工业企业、政府和社会各界的共同努力。政府在监管和法规制定方面扮演着重要角色，而工业企业应积极采用清洁生产技术，履行社会责任。同时，社会组织和公众也可以发挥监督作用，促进工业污染治理的透明度和公正性。

最后，工业污染治理是城市可持续发展的关键环节之一。通过降低工业污染，城市可以提高环境质量、改善居民健康，同时吸引更多的人口和投资，推动城市经济的繁荣和社会的稳定。因此，工业污染治理应当被视为城市规划和发展的重中之重。

（二）水资源保护和管理

1. 合理协调供需

首先，合理协调水资源的供需关系是城镇化协调耦合性中的一项重要任务。随着城市化的不断推进，城市对水资源的需求迅速增加，这包括供水、工业用水、农业用水和生活污水处理等方面。因此，城市需要采取措施来确保供水安全、避免水资源短缺，并保护水源地的生态环境。

其次，以下是与合理协调水资源供需关系相关的关键实践方法和特点：一是水资源管理和规划。城市应该建立有效的水资源管理机制，包括水资源调查、监测和规划。这有助于了解水资源的供应情况、需求趋势和潜在的问题，以制定合理的水资源规划。二是水资源的节约和高效利用。城市可以采用节水技术和设施，减少用水浪费，提高水资源的利用效率。这包括改进供水系统、推广低耗水设备和鼓励居民采取节水措施。三是水源地保护和生态恢复。城市与乡村地区可以合作，共同保护水源地的生态系统，防止水源地的污染和过度开发。这包括建立水源地保护区、加强监测和治理污染源。

再次，合理协调水资源供需关系对城市和周边地区都具有积极影响：一是供水安全。通过合理协调水资源供需，城市可以确保供水的可靠性和安全性，避免因水资源短缺而引发的供水危机。二是生态保护。保护水源地的生态系统有助于维护生态平衡，保护生物多样性，减少水污染对环境的影响。三是社会和经济稳定。水资源的稳定供应对城市的社会和经济稳定至关重要。水资源短缺和供水问题可能导致社会不稳定和经济损失。

最后，城市和乡村地区之间的合作和协调是实现水资源供需关系协同发展的关键。政府、社会组织和企业应共同参与水资源管理和保护工作，以确保水资源的可持续利用和生态健康。合理协调水资源供需关系是城市可持续发展的基础之一，应得到各方面的共同重视和努力。

2. 水资源循环利用

首先，水资源是地球上最宝贵的资源之一，然而，随着城市化进程的加速，城市对水资源的需求也在不断增加。这种趋势导致了水资源的过度开采和污染，威胁到了可持续性发展。因此，水资源循环利用技术的推广变得至关重要。

其次，水资源循环利用技术包括废水处理和再生利用，为城市提供了一个解决水资源短缺问题的有效途径。废水处理是指对城市排放的废水进行处理，以去除其中的污染物，使其能够再次用于工业、农业和城市供水等用途。这不仅减少了城市对新鲜水的需求，还降低了水污染的程度，有助于保护生态系统的健康。同时，再生利用技术可以将经过处理的废水进一步净化，以符合饮用水标准。这种技术的应用不仅提高了城市的水资源利用效率，还降低了供水成本。

再次，水资源循环利用技术还有许多其他优势。其一，它有助于减少城市对外部水资源的依赖，减轻了地区性水资源短缺的压力。其二，这些技术有助于减少废水排放，降低了城市的环境负担，改善了环境质量。其三，水资源循环利用也可以创造就业机会，例如在废水处理设施的建设和运营方面。其四，这些技术可以提高城市的水资源可持续，有助于应对气候变化和干旱等极端天气事件的挑战。

最后，尽管水资源循环利用技术具有许多优势，但在推广过程中仍然面临一些挑战。其一，需要投入大量资金来建设和维护废水处理和再生利用设施。其二，需要进行有效的政策制定和监管，以确保这些技术得以合理应用，并确保水质达到标准。其三，公众意识和教育也是成功推广这些技术的关键因素，人们需要了解水资源的有限性以及循环利用的重要性。

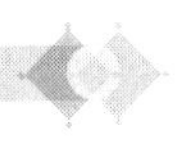

（三）自然灾害风险降低

1. 土地利用规划改进

首先，城市土地利用规划是城市可持续发展的基础，对协同发展和自然灾害风险管理至关重要。协同发展要求城市在规划土地利用时更加注重生态环境和自然灾害的影响，以实现城市的可持续发展目标。

其次，城市土地利用规划的改进应首先考虑土地的自然特征和地质条件。对于易受自然灾害影响的区域，如山体滑坡、洪水和地震等高风险区域，应采取谨慎的规划措施，避免过度地开发。这可以通过建立详细的地质和气象风险评估来实现，以确定哪些地区需要限制建设活动。此外，应考虑土地的承载能力，确保城市发展不会对生态系统和地质环境造成不可逆转的破坏。

再次，城市土地利用规划改进的关键是多部门合作和综合规划。政府部门、城市规划师、环境科学家和社区利益相关者应紧密合作，制定综合性规划，考虑土地的多重功能和风险因素。例如，可以建立自然灾害风险区域，并在这些区域内限制建设活动，同时推动城市发展向相对安全的地区引导。此外，应考虑生态系统的健康，保护自然资源，促进生态修复和城市绿化。

最后，城市土地利用规划的改进应着眼于长远发展。城市应该采用可持续的土地利用模式，包括提供开放空间、保护自然景观和建设具有抗灾能力的基础设施。这有助于减少城市的脆弱性，提高城市的适应能力，应对日益频繁和严重的自然灾害。同时，应考虑人口增长和气候变化的影响，以确保土地利用规划能够适应未来的挑战。

2. 自然灾害防护设施建设

首先，自然灾害防护设施建设对城市的可持续发展至关重要。随着城市化的迅速扩展，城市面临着越来越多的自然灾害风险，包括洪水、山体滑坡、地震等。因此，为了降低这些风险，减少灾害带来的损失，城市需要建设适当的自然灾害防护设施，以提高城市的抵抗力和恢复能力。

其次，自然灾害防护设施的种类和设计应根据城市的地理特征和潜在的灾害类型来确定。例如，对于容易发生洪水的城市，可以建设防洪堤、河道调整和雨水管理系统。对于位于山地区域的城市，可以采用山体护坡、植被修复等措施来防止山体滑坡。此外，地震敏感地区应建设抗震建筑和地下避难所，以保障居民的安全。

再次，自然灾害防护设施不仅可以保护城市居民的生命和财产，还有助于维护生态平衡。例如，防洪堤和河道调整可以减少洪水对河流生态系统的破坏，从而维护水生动植物的生存环境。山体护坡和植被修复可以减少山体滑坡对土壤侵蚀和生态系统的破坏。此外，一些自然灾害防护设施，如湿地恢复项目，还可以改善城市的水质和生态景观，提高城市的环境质量。

最后，自然灾害防护设施的建设需要综合规划、跨部门合作和长期投资。政府部门、城市规划师、工程师和环境科学家应共同制订适合城市需求的灾害防护计划。这些计划应包括设施地建设、维护和监测，以确保其有效性和可持续性。此外，城市居民也应参与到灾害防护设施的规划和实施中，提供反馈和支持，以确保这些设施能够真正满足他们的需求和安全。

第五章　城镇化协调耦合性与绿色发展的关系

第一节　城镇化协调耦合性与绿色发展的内在联系

一、城镇化协调耦合性与环保政策的协同

（一）城市规划与环境保护政策的整合

1. 整合的重要性

首先，整合城市规划和环境保护政策的重要性。

城市规划和环境保护政策的整合对于实现城镇化协调耦合性和绿色发展具有至关重要的意义。以下是几个方面的重要性：一是生态平衡的维护。城市规划通常涉及土地开发、建筑布局和基础设施建设，这些活动可能对周围的自然环境产生负面影响。通过整合环境保护政策，可以确保城市的发展不会破坏生态系统和生物多样性。例如，在规划中避免在敏感的生态脆弱区域建设，可以保护当地的植被、野生动植物和水资源。二是预防环境污染。城市化常随着工业和交通等活动的增加，容易导致环境污染。整合环境保护政策可以在城市规划中纳入环境污染控制的要求，确保工厂、交通和建筑等领域的排放得到有效控制。这有助于改善城市空气质量和水质，减少对居民健康的负面影响。三是资源的可持续利用。城市规划需要考虑能源、水资源和土地利用等因素。通过整合环保政策，可以鼓励城市采用可持续的资源管理方法，包括能源节约、水资源管理和土地保护。这可以减少资源的浪费，提高资源的可持续利用率，有助于城市的长期发展。四是社会层面的受益。整合城市规划和环境保护政策还有助于改善居民的生活质量。例如，通过规划城市绿化和公共休闲空间，可以提供更多的户外活动机会，改善居民的健康和福祉。此外，减少环境污染和提高环境质量可以降低居民患病率，减少医疗成本。

其次，实现城市规划和环境保护政策的整合。为了实现城市规划和环境保护政策的整合，需要采取以下关键步骤：一是跨部门合作。城市规划和环保政策的整合需要不同部门之间的密切合作。城市规划部门、环境保护部门、交通部门和建筑管理部门等需要共同协作，确保政策的一致性和协调性。政府应设立专门的协调机构，以促进各部门之间的信息共享和决策协同。二是综合规划。城市规划应采用综合的方法，考虑经济、社会和环境因素之间的相互关系。这包括制定长期的城市发展规划，明确城市的发展目标和生态保护

原则。同时，城市规划应具体到区域或城市的层面，以确保政策的实际执行。三是制定环境标准和法规。政府应制定明确的环境标准和法规，规定城市规划和建设活动在环境方面的要求。这些标准可以涵盖空气质量、水质、土壤保护、噪声控制和废物管理等方面。同时，政府应制定激励措施，鼓励企业和居民采取环保行动。四是公众参与。公众应该参与城市规划和环保政策的制定和实施过程。公众的意见和反馈对于政策的有效性和可接受性至关重要。政府可以组织公众参与听证会、信息发布会和社区咨询会，以便居民可以表达他们的观点和关切。

2. 生态脆弱区域的保护

生态脆弱区域是指在自然环境条件较差、生态系统脆弱易受干扰的地区。这些地区通常包括湿地、森林、水源地等生态要素，它们对城市的生态平衡和可持续发展至关重要。

首先，城市规划要明确定位。在城市规划中，生态脆弱区域应得到明确定位，确保它们受到特殊保护。这可以通过地图和 GIS 技术来精确标定这些区域，以便规划者了解哪些地方需要特别关注和保护。

其次，禁止或限制大规模建设。为了保护生态脆弱区域，城市规划应明确禁止或限制大规模建设。例如，湿地是城市生态系统的重要组成部分，具有净化水源、防洪和生物多样性保护的功能，因此应禁止填湖造地和大规模开发。

再次，环保法律法规的支持。城市规划需要与环保法律法规相一致，以确保生态脆弱区域的保护。这包括建立相关法规，规定对这些区域的开发和利用必须符合一定的环保标准和审批程序。

最后，社会参与和教育。城市规划过程中，应积极引入社会参与，让公众了解生态脆弱区域的重要性，争取更多的支持。此外，需要开展生态教育活动，提高市民对生态保护的认识，培养环保意识。

3. 生态廊道的规划

生态廊道是连接不同生态系统的带状或线状生态连接通道，有助于野生动植物的迁徙和生态系统的连接。它们在城市规划中具有重要作用。

首先，保留自然地带。城市规划应充分考虑保留自然地带，不仅有助于维护生态平衡，还可以增加城市的绿色空间。这些自然地带可以用于规划生态廊道，连接城市内部的不同生态节点。

其次，绿色走廊与自然通道。城市规划者可以设计和规划绿色走廊或自然通道，以便野生动植物能够在城市内自由迁徙。这有助于保护物种多样性，减少生态系统断裂。

最后，生态通道的景观规划。生态廊道的规划需要综合考虑景观因素，以使其融入城市环境。可以选择适宜的植被、景观元素和教育标识，提高市民对生态通道的认知和利用。

4. 城市绿化与植被保护

城市绿化包括城市绿地、树木和公园的建设，对城市生态环境和居民生活质量具有重

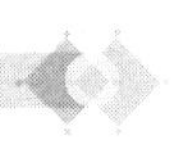

要影响。绿化可以改善空气质量、降低城市热岛效应，并提供休闲和娱乐空间。

首先，绿化规划与城市规划的整合。城市规划应与绿化规划相互整合，确保在城市发展过程中充分考虑到绿化需求。这可以通过规定绿化比例、绿地布局和树木种植等方式实现。

其次，植被保护的法律措施。城市规划需要制定法律措施，以保护城市内的植被。这包括禁止或限制乱砍滥伐、非法采矿等活动，以维护植被的生态功能。

再次，生态绿地的多功能性。城市规划者可以设计多功能的生态绿地，既可以作为休闲区域，又可以用于雨水收集、空气净化和野生动植物栖息地。

最后，绿化管理与监测。城市规划中需要考虑绿化的长期管理和监测。制定绿化维护计划，确保树木的健康，防止植物病虫害，以保持城市的绿色生态。

（二）可持续交通与空气质量政策的整合

可持续交通与空气质量政策的整合是现代城市规划中至关重要的一环，它旨在让城市的交通系统更加环保、高效、公平，并改善城市的空气质量。这种整合需要综合考虑公共交通、自行车和步行、私人汽车限制以及电动交通工具的发展，以达到可持续城市交通的目标。

1. 促进公共交通

公共交通在城市交通规划中扮演着关键角色，可以减少私人汽车的使用，降低交通拥堵和尾气排放。城市规划应该着重考虑以下几个方面：一是交通枢纽和网络建设。建设便捷的交通枢纽和优质的公共交通网络，使市民更容易使用公共交通工具。这包括地铁、公交、轻轨等，以满足不同出行需求。二是票价政策。制定合理的票价政策，确保公共交通的价格对大多数市民来说是可承受的，并提供优惠政策，鼓励更多人使用公共交通。三是智能交通管理。利用现代技术，如智能交通管理系统，提高公共交通的准时性和可靠性，提升乘客体验。

2. 建设自行车道和步行道

鼓励自行车和步行是城市规划中的另一个关键方面，它可以减少交通拥堵、改善空气质量，并促进健康的生活方式。城市规划者可以采取以下措施：一是自行车道和步行道建设。设计和建设安全、便捷的自行车道和步行道，连接城市主要区域，鼓励市民采用环保的出行方式。二是交通规则和安全。制定交通规则和安全政策，提高自行车和步行者的安全性，包括交通信号、人行横道和安全标志。三是公共自行车系统。引入公共自行车系统，使市民可以方便地租借自行车，鼓励短途骑行。

3. 限制私人汽车使用

为了改善空气质量，城市规划需要限制私人汽车的使用，特别是在高峰时段。以下是一些有效的措施：一是高峰时段拥堵收费。设立高峰时段拥堵收费，鼓励市民使用公共交通或选择非高峰时段出行。二是停车政策。提高停车费用、减少街边停车位，以减少私人汽车的上路数量。三是城市收费区域。引入城市收费区域，对私人汽车进入特定区域征收费用，从而降低私人汽车的使用。

4. 推广电动交通工具

推广电动交通工具是减少尾气排放和改善空气质量的有效手段，城市规划可以采取以下措施：一是电动充电设施。建设充电桩网络，以支持电动汽车的充电需求，并确保充电便捷性。二是政策激励。提供购车和使用电动交通工具的政策激励，如减税、补贴和特权通行权。三是电动交通工具分享。推广电动交通工具共享模式，如电动滴滴出行、共享电动自行车，以减少汽车拥有率。

（三）绿色建筑与能源效率政策的一体化

在现代城市规划中，将绿色建筑原则与能源效率政策相整合是至关重要的。这种一体化可以通过建立绿色建筑认证制度、提高节能建筑标准以及推广太阳能和风能利用来实现，以促进城市可持续发展和降低碳排放。

1. 绿色建筑认证制度

绿色建筑认证制度是推动城市建筑业实现可持续发展的关键工具。它包括各种认证体系，如 LEED、BREEAM 和绿色建筑评估系统，要求建筑在多个方面符合环保标准，如能源、水资源、材料和室内环境质量。一体化的政策应包括以下几点：

首先，标准化认证程序。建立标准化的认证程序，以确保所有建筑都必须满足一定的可持续性发展要求。这可以通过城市规划部门与相关认证机构的合作来实现。

其次，激励措施。提供税收激励、奖励计划或其他激励措施，以鼓励建筑业主和开发商积极参与绿色建筑认证。这将有助于降低认证成本和提高可持续建筑的吸引力。

最后，监督和认证。建立监督机构来确保建筑项目按照认证要求进行设计和施工，并对已建成建筑进行定期审查，以验证其是否维持了可持续性发展标准。

2. 节能建筑标准

能源效率是城市可持续发展的关键因素之一。城市规划可以推动更严格的节能建筑标准，以确保新建筑和现有建筑在能源效率方面达到更高水平。

首先，绝热和节能设备。强制要求新建筑采用高效的绝热材料和节能设备，以减少能源浪费。对于现有建筑，城市规划可以提供激励措施，鼓励升级和改造以提高能源效率。

其次，采光和通风系统。规划中应考虑建筑地采光和通风系统，以最大限度地减少电力消耗，提高室内环境质量。

最后，监测和报告。引入监测和报告机制，对建筑的能源使用进行实时监测，以确保建筑一直保持高效率。

3. 太阳能和风能利用

可再生能源的推广是实现能源效率的关键。城市规划可以鼓励太阳能和风能的利用。

首先，太阳能和风能设备的集成。鼓励在建筑屋顶和立面安装太阳能光伏板和风能发

电设备。制定政策以简化设备安装程序并提供激励措施。

其次，能源存储。推广能源存储技术，以确保从可再生能源中收集的能量能够高效利用，即使在无风或阴天时也可以供电。

最后，电力微网。考虑建立电力微网，允许建筑之间共享能源，降低整体电力需求和碳排放。

整合绿色建筑和能源效率政策将有助于降低城市建筑部门对能源和资源的依赖，减少碳排放，提高城市的可持续性发展。这种一体化政策不仅有助于实现城市规划和建设，还有重要的学术价值，可以为未来城市可持续发展提供指导和经验。

（四）废物管理与循环经济政策的协调

废物管理与循环经济政策的协调是现代城市规划的关键领域之一，旨在最大限度地减少废物产生、提高废物资源化利用率、减少对垃圾焚烧和填埋的依赖，以促进城市可持续发展。

1. 废物分类与回收

首先，设施建设与管理。城市规划需要着重考虑废物分类和回收设施的建设和管理。这包括建立现代化的分类中心、回收站点和废物转运站，确保废物分类系统的顺畅运作。

其次，市民参与教育。促使市民参与废物分类至关重要。城市规划者可以制订教育计划和宣传活动，提高市民对废物分类的认知，鼓励他们积极参与。

最后，回收经济激励。制定政策和法规，以激励企业和个人参与废物回收。这可以包括经济奖励、税收激励和绿色购物政策，鼓励更多人参与回收。

2. 循环经济产业园区

首先，产业园区规划。城市规划者可以规划循环经济产业园区，为企业提供场地和基础设施，以支持废物再利用和资源循环利用。这些园区可以集成生产和回收过程，最大限度地减少废物排放。

其次，技术创新与研发。城市规划应鼓励技术创新和研发，以提高废物再生产业的效率和竞争力。这可以包括支持研发中的废物转化技术，以将废物转化为有价值的产品。

最后，产业合作与生态系统思维。促进不同行业之间的合作，建立循环供应链和产业生态系统。城市规划者可以通过提供资金、资源和政策支持来推动这种合作。

3. 垃圾焚烧和填埋管理

首先，环保技术与法规。城市规划需要制定严格的环保法规，规定垃圾焚烧设施必须采用先进的污染控制技术，以减少空气污染物的排放。同时，规划者可以鼓励研发更环保的焚烧技术，如能源回收焚烧。

其次，填埋场可持续管理。城市规划需要考虑废物填埋场的可持续管理。这包括控制渗滤液的污染、监测地下水质量、采用遮盖层来减少渗漏、并在填埋后进行土地复垦。

最后，垃圾减量政策。城市规划者可以实施垃圾减量政策，鼓励市民减少废物产生，例如通过提高垃圾处理费用或实施“垃圾支付按量”的政策。

通过将废物管理与循环经济政策协调一体化，城市可以实现资源的最大化利用，减少废物排放，降低环境影响，推动城市可持续发展，同时也有助于减少能源消耗和碳排放，为城市未来的可持续性发展奠定坚实基础。这种协调不仅具有实际政策指导意义，还具有重要的学术价值，可以为城市规划和可持续发展研究提供深刻的见解。

二、城镇化协调耦合性与可持续发展目标的一体化

城镇化协调耦合性是指城市与农村、经济与环境、社会与自然资源等各要素之间相互关联、相互促进的状态，这与可持续发展目标密切相关。在城市化进程中，实现城镇化协调耦合性与可持续发展目标的一体化至关重要。

（一）协同推动经济增长与生态保护

城市化协调耦合性的核心是在城市发展中实现经济增长和生态保护的协同。这一体化的实现需要考虑以下关键因素。

1. 综合发展规划

城市规划应制定综合的城市发展规划，考虑土地利用、交通、环境保护等多个方面，以确保城市化过程中不会破坏生态系统。

首先，城市规划在现代社会中扮演着至关重要的角色。城市化已成为全球主要趋势之一，但它必须谨慎推进，以确保生态系统的完整性。为了实现这一目标，必须制定综合的城市发展规划，这一规划应该涉足多个关键领域，包括土地利用、交通、环境保护等。

其次，土地利用是城市规划的核心要素之一。城市的可持续性发展需要在城市扩张和土地利用方面采取谨慎的策略。其一，要合理规划城市的边界，以避免过度扩张，减少对农田和自然生态系统的侵害。其二，城市内部的土地利用也需要受到重视。应该将不同用途的区域分隔开，例如住宅区、商业区、工业区和绿地，以促进城市的可持续性发展和美观。

再次，交通规划是确保城市可持续性发展的关键因素。城市的交通系统应该便捷、高效，同时应该减少对环境的不利影响。其一，城市规划者应该鼓励可持续的交通方式，如公共交通、自行车和步行，以减少交通拥堵和空气污染。其二，要合理规划道路和高速公路，以确保交通流畅，并减少对土地的浪费。此外，智能交通管理系统和新兴技术，如自动驾驶汽车，也应该被纳入规划中，以提高交通系统的效率。

最后，环境保护是城市综合发展规划的至关重要的一环。城市化不应该以破坏生态系统为代价。其一，要确保城市的建设不会对自然环境造成永久性损害。其二，应该采取措施来改善城市的空气和水质，减少噪声污染，并提供足够的绿地和自然保护区域，以维护城市居民的生活质量。

2. 生态补偿机制

制定生态补偿政策，对于不可避免的生态破坏，要求开发商进行生态修复和补偿，以

维护生态系统的完整性。

首先，生态补偿政策在现代社会中越来越受到重视，因为城市化和工业化进程不可避免地伴随生态破坏。这种破坏对于生态系统的稳定性和可持续性发展构成了严重威胁。为了应对这一挑战，许多国家和地区纷纷制定了生态补偿政策，要求开发商在开展项目的同时进行生态修复和补偿。本文将探讨生态补偿机制的重要性、原则、实施方式以及潜在的学术价值。

其次，生态补偿政策的重要性不可忽视。生态系统提供了人类社会所需的各种生态服务，如水源、空气净化、食物生产、气候调节等。然而，过度开发和土地利用会导致生态系统的破坏，从而破坏这些生态服务。生态补偿机制的核心目标是确保生态系统的完整性和功能不受损害，同时允许社会经济发展继续进行。通过对不可避免的生态破坏进行生态修复和补偿，我们可以在一定程度上弥补自然资源的损失，维护生态平衡。

再次，生态补偿政策的原则是其成功实施的关键。其一，明确责任和义务是至关重要的。政府应该明确规定开发商在项目进行期间和完成后的生态修复和补偿责任。其二，确保科学支持是不可或缺的。生态修复和补偿应该基于可靠的科学数据和研究，以确保其效果可持续发展和可衡量。另外，公众参与也应该得到充分重视。社区和利益相关者的意见和建议应该被纳入决策过程中，以确保政策的公正性和透明度。

此外，生态补偿政策的实施方式也值得深入研究。其一，应该建立清晰的标准和指南，以帮助开发商确定何时需要进行生态修复和补偿，以及需要采取什么措施。其二，监管和执法机构的建设是至关重要的，以确保政策的有效执行。另外，经济激励措施，如生态税收抵免和生态市场交易，可以激励企业积极参与生态修复和补偿活动。

最后，生态补偿机制在学术领域具有重要的价值。研究人员可以通过分析不同地区和国家的生态补偿政策的实施效果，深入了解生态补偿对于生态系统恢复和可持续发展的影响。此外，生态补偿政策的评估也可以为政策制定者提供有关如何改进和优化政策的有用见解。这些研究可以推动生态补偿机制的不断改进和提高，以更好地满足社会的需求和生态系统的保护。

（二）城市化与社会包容性发展

城市化协调耦合性还要求城市发展能够实现社会包容性增长，确保更多人分享城市化带来的福利。以下是一体化相关的考虑因素。

1. 平等的就业机会

就业被认为是社会中最重要的因素之一，能够影响个体的生活质量和社会的稳定。然而，社会不平等问题长期存在，其中一个主要方面是就业不平等。为了解决这个问题，政府、企业和社会团体必须共同努力，创造平等的就业机会。

第一，平等的就业机会对于社会的稳定和发展起着至关重要的影响。首先，它有助于减少社会不平等。弱势群体，如少数族裔、残疾人、性别、少数群体和贫困人口，通常面临更大的就业障碍。通过为这些群体创造平等的就业机会，社会可以减少不平等现象，提高社会公平性。其次，平等的就业机会有助于提高劳动力的多样性。不同背景和经验的员工可以为企业带来更多创新和创造力，从而增强企业的竞争力。最后，平等的就业机会有助于降低社会紧张局势。当一部分人因就业机会不平等而感到排斥时，社会可能就出现不稳定现象，如社会抗议和冲突。

第二，实现平等的就业机会需要采取一系列政策和措施。首先，反歧视法律是创造平等就业机会的基石。这些法律禁止在招聘、雇佣和晋升中出现歧视行为，确保每个人都有平等的机会。其次，政府可以通过激励措施来鼓励企业雇佣弱势群体。这可能包括税收减免、奖励计划或奖金。最后，政府还可以提供培训和职业教育，以提高弱势群体的就业竞争力。企业也应该制定多元化和包容性的招聘政策，确保他们的员工代表不同的背景和经验。

第三，学术界在研究平等的就业机会方面具有重要的价值。首先，研究可以帮助我们更好地了解不同群体在就业市场上面临的挑战和机会。这有助于政府和企业更有针对性地制定政策和策略。其次，研究还可以评估各种政策和措施的效果，以确定哪些方法最有效。最后，学术研究可以提供有关如何推动平等的就业机会和议程的见解，包括如何争取社会支持和合作。

第四，平等的就业机会是一个关乎社会正义和可持续发展的核心问题。通过创造平等的就业机会，我们可以减少社会不平等，提高劳动力多样性，降低社会紧张局势，促进经济增长和社会稳定。政府、企业和社会团体应该共同合作，制定并实施政策和措施，确保每个人都有平等的机会获得有意义的就业。同时，学术界也可以为这一议题提供深入的研究，推动平等就业不断改进和发展。这将有助于建设更加公平和包容的社会，使每个人都能够充分发挥其潜力。

2. 改善基础设施和服务

高质量的基础设施和服务是现代社会的支柱，直接关系到市民的生活质量和社会的发展水平。在全球范围内，政府和国际组织一直致力于提供更好的基础设施和公共服务，以满足不断增长的人口需求和改善市民的福祉。

第一，高质量的基础设施对于社会和经济的可持续发展至关重要。首先，基础设施包括道路、桥梁、电力供应、供水和污水处理等，是支撑产业和商业运作的基础。优质的基础设施可以提高生产力，降低生产成本，增强国家竞争力。其次，公共服务，如教育、医疗、交通和住房，是提高市民生活质量的关键因素。良好的教育系统可以提高人才素质，推动创新和经济增长。医疗服务可以改善健康水平，减少疾病传播，提高寿命。有效的交通系统可以提高流动性，促进劳动力市场的运作。住房问题直接关系到居民的居住条件和生活质量。

第二，实现高质量基础设施和服务需要采取一系列政策和措施。首先，政府在基础设施建设和公共服务提供方面发挥了关键作用。政府应该投资建设基础设施，确保基础设

施的质量和可持续性发展。其次，政府应该制定政策，以确保公共服务的普及和平等，尤其是对于弱势群体。再次，政府还应该鼓励私营部门的参与，以提供更多的基础设施和服务。公共—私营合作和特许经营模式可以提高资源的有效利用。最后，政府还应该采用可持续发展的方法，以确保基础设施和服务的长期可维护性。

第三，学术界在研究高质量基础设施和服务方面具有重要的价值。首先，研究可以帮助我们了解不同政策和措施对于基础设施和服务的质量和可及性的影响。这有助于政府和国际组织更有针对性地制定政策和策略。其次，研究还可以评估不同国家和地区的基础设施和服务现状，以确定哪些领域需要改进。最后，学术研究还可以提供有关如何提高基础设施和服务的有效性和效率的见解。

第四，改善基础设施和服务是一个关乎社会和经济进步的重要议题。通过提供高质量的基础设施和公共服务，我们可以提高生产力、改善市民的生活质量、促进社会包容性和可持续发展。政府、私营部门和国际组织应该共同合作，制定并实施政策和措施，以满足人口需求并提高社会福祉。同时，学术界也可以为这一议题提供深入地研究，推动基础设施和服务的不断改进和发展。这将有助于建设更加繁荣和公平的社会，提高市民的生活质量。

3. 社会保障制度

社会保障制度是现代社会的重要组成部分，旨在为市民提供经济支持和社会福利的保障，确保他们的基本权益得到维护。这个制度包括各种社会福利和医疗保险计划，旨在降低生活风险、提供经济支持，并保障健康照顾的可及性。

第一，社会保障制度的重要性不容忽视。首先，它有助于减少社会不平等。在社会保障制度的框架下，政府提供基本的社会福利和医疗保险，确保每个市民都有平等的机会获得基本服务，无论其社会经济地位如何。其次，社会保障制度有助于提高市民的生活质量。它为失业、疾病、残疾和其他生活风险提供了一定程度的经济保障，帮助人们克服困难，保持稳定的生活。最后，社会保障制度有助于社会的稳定和谐。它减轻了社会压力，减少了社会不满情绪，有助于社会的和平共处。

第二，社会保障制度的实施需要遵循一些重要原则。首先，普惠性是关键原则之一。社会保障制度应该覆盖整个社会，确保每个市民都有平等的机会获得保障。其次，公平性是另一个重要原则。社会福利分配和医疗保险应根据需求和能力来分配，以确保最需要的人得到更多的支持。最后，可持续性发展也是一个关键原则。社会保障制度应该被设计成具有长期可维护性，以确保它能够满足未来的需求。

第三，实施社会保障制度需要采取一系列政策和措施。首先，政府在这方面发挥了关键作用。政府应该制定和管理社会福利计划、医疗保险体系，并确保它们的可行性和可持续性。其次，社会保障制度需要融合不同的资金来源，包括政府资金、雇主贡献、个人缴纳和其他资金。再次，它还需要建立有效的监管和监督机制，以确保资源的合理分配和滥用的防范。最后，公众教育和参与也是重要的，以确保市民了解他们的权益和责任。

第四，学术界在研究社会保障制度方面具有重要的价值。首先，研究可以帮助我们了解不同社会保障政策和计划的效果，以确定哪些政策最有效。其次，研究还可以分析社会保障制度对社会不平等、贫困率和生活质量的影响。最后，学术研究可以提供关于如何改进和完善社会保障制度的建议，以满足不断变化的社会需求。

（三）城市化与环境可持续性

城市化协调耦合性与环境可持续性的一体化要求城市在发展中考虑环境因素，减少资源浪费和污染排放。以下是一体化相关的考虑因素。

1. 废弃物管理和资源循环

随着全球人口和生产活动的不断增长，废弃物问题已经成为一个严重的环境和经济挑战。废弃物产生不仅对环境造成污染，还浪费了有限的资源。因此，建立废弃物分类和回收系统，最大限度地减少废弃物，推动资源循环利用，具有重大的社会和环境价值。

第一，废弃物管理和资源循环的重要性不容忽视。首先，它有助于减少资源浪费。通过废弃物分类和回收，可以将废弃物重新引入生产循环，延长资源的寿命，减少自然资源的开采和消耗。其次，它有助于减轻环境负担。废弃物处理和填埋产生的污染和温室气体排放对环境造成了不可逆转的损害。资源循环有助于降低废弃物数量，减少环境污染。最后，它有助于创造就业机会。废弃物分类、回收和再利用产业创造了数百万个就业岗位，有助于经济增长和社会稳定。

第二，实施废弃物管理和资源循环需要遵循一些关键原则。首先，源头减量是最重要的原则之一。减少废弃物产生的最有效方式是通过产品设计、生产过程和消费习惯的改变，减少废弃物的生成。其次，废弃物分类和回收应该以可持续性发展为导向。这包括确保废弃物回收过程不会对环境造成进一步损害，并且回收产品的质量得到维护。再次，社会参与和教育也是关键。公众的参与和意识提高对于废弃物分类和回收的成功至关重要。最后，政府在这方面发挥了关键作用，通过立法和政策制定，激励和引导废弃物管理和资源循环的实施。

第三，学术界在研究废弃物管理和资源循环方面具有重要的价值。首先，研究可以帮助我们更好地了解不同废弃物管理和回收策略的效果，以确定哪些策略最有效。其次，研究还可以评估废弃物管理和资源循环对环境、经济和社会的影响，以确定其可持续性和可行性。最后，学术研究可以提供关于如何改进和优化废弃物管理和资源循环的见解，以满足不断变化的社会需求。

第四，废弃物管理和资源循环是实现可持续发展的关键路径。通过建立废弃物分类和回收系统，最大限度地减少废弃物，推动资源循环利用，我们可以减少资源浪费、减轻环境负担、创造就业机会，为社会和环境带来积极的影响。政府、企业和公众应共同努力，制定并实施政策和措施，以促进废弃物管理和资源循环的可持续发展。同时，学术界也应为这一议题提供深入的研究，推动废弃物管理和资源循环的不断改进和创新。这将有助于

建设可持续发展和更加繁荣的社会。

2. 生态保护和绿色基础设施建设

在全球城市化进程不断加速的背景下，生态系统的保护和恢复成为至关重要的任务。同时，为了实现城市可持续发展，绿色基础设施：如雨水收集系统、城市农业和城市林业基础设施等已经成为城市规划的核心要素。

第一，生态保护和绿色基建的重要性不容忽视。首先，生态保护有助于维护生态系统的稳定性和生物多样性。城市化和工业化进程常常随着生态系统的破坏，这对于生活在城市中的居民和周边环境构成了威胁。通过保护和恢复生态系统，我们可以提高城市的生活质量，确保可持续的资源供应。其次，绿色基础设施是实现城市可持续发展的关键因素。雨水收集系统有助于解决城市地下水资源短缺问题，城市农业提供了新鲜的食物来源，城市林业改善了空气质量并提供了休闲和娱乐场所。这些绿色基础设施有助于提高城市的生活质量，减轻气候变化的影响，提供更好的居住环境。

第二，实施生态保护和绿色基建需要遵循一系列原则。首先，综合规划是关键原则之一。城市规划应该考虑土地利用、水资源管理、生态保护等多个方面，以确保城市的可持续发展。其次，社会参与和教育是必不可少的。公众的参与和意识提高对于生态保护和绿色基建的成功至关重要。最后，政策和法规也需要明确和具体，以指导城市发展和基建项目。政府在这方面的领导作用至关重要，包括提供激励措施和监督机制。

第三，学术界在研究生态保护和绿色基建方面具有重要的价值。首先，研究可以帮助我们更好地了解生态系统的复杂性和脆弱性，以指导生态保护措施。其次，研究还可以评估不同绿色基础设施的效益和可行性，以确定最佳实践和政策。最后，学术研究可以为城市规划和发展提供创新的思路和方法，推动生态保护和绿色基建的不断进步。

第四，生态保护和绿色基建是实现城市可持续发展的前沿路径。通过保护生态系统，推动绿色基础设施的建设，我们可以改善城市环境、提高生活质量、减轻气候变化的影响，同时为城市带来更多机会和活力。政府、城市规划者、企业和公众应该共同合作，制定并实施政策和措施，以实现生态保护和绿色基建的目标。同时，学术界也应为这一议题提供深入地研究，推动城市可持续发展的不断创新和改进。这将有助于建设更加繁荣、韧性和可持续发展的城市。

将城镇化协调耦合性与可持续发展目标一体化有助于实现城市化的全面可持续性发展。这种一体化不仅具有政策指导的实际意义，还具有重要的学术价值，可以为城市规划和可持续发展领域的研究提供深刻的见解，为未来城市的可持续性发展提供有力支持。

第二节　城镇化协调耦合性对绿色发展的影响和贡献

一、城镇化的可持续性

城镇化协调耦合性对绿色发展的影响首先体现在城镇化的可持续性发展方面。传统的城市化模式往往随着资源过度消耗、环境污染和土地过度地开发，给生态环境带来了巨大压力。然而，城镇化协调耦合性要求城市和乡村之间的协同发展，通过资源共享和互动来平衡城市和乡村的发展。这一理念有以下影响和贡献。

（一）资源优化利用

首先，城镇化的迅速发展对资源的可持续利用提出了迫切需求。城市人口的增长意味着更多的资源需求，包括能源、水资源、土地和原材料等。因此，城市需要采取措施来更加高效地利用这些资源，以满足居民的需求并减少不可持续的资源消耗。

其次，城镇化的协调耦合性鼓励城市采用更加环保和可持续的资源管理方法。城市规划需要更加注重资源的合理配置和管理，以确保资源的稳定供应并减少资源浪费。例如，城市可以制定更严格的建筑能效标准，鼓励使用可再生能源，并改善废弃物管理系统，最大限度地减少废弃物的产生。这些举措有助于降低城市的生态足迹，提高资源利用效率。

再次，城市可以通过采用智能技术来优化资源利用。智能城市概念涵盖了各种领域，包括智能交通、智能建筑、智能能源管理等。通过使用传感器、数据分析和人工智能等技术，城市可以更精确地监测和管理资源的使用。例如，智能交通系统可以优化交通流量，减少拥堵，降低燃油消耗；智能建筑可以自动控制能源使用，提高建筑的能效。这些技术的应用有助于减少资源浪费，提高城市的可持续性发展。

最后，城镇化对资源的可持续利用还涉及政策和法规的制定和实施。政府需要出台相关政策来鼓励和引导城市采取更加可持续发展的资源管理措施。这包括制定能源效率标准、推动可再生能源发展、设定环境排放限制等。政策的有效执行和监管对于确保资源的可持续利用至关重要，同时需要激励企业和居民采取更加环保的行为。

（二）减少环境负担

首先，协调的城市发展有助于减少城市自身的环境负担。城市通常集中了大量的人口和经济活动，这导致了能源消耗、废弃物产生和空气污染等问题。然而，通过采取可持续城市规划和管理措施，城市可以减少这些负担。例如，推广公共交通系统、改善垃圾处理和废水处理设施、提高能源效率，都可以降低城市对资源的需求和对环境的不良影响。

其次，协调的城市发展有助于减少对周边乡村地区的资源压力。随着城市的扩张，对水资源、土地和农产品等乡村资源的需求也在增加。然而，通过城乡协同发展，可以实现对资源的更加平衡分配。例如，城市可以与乡村地区建立供应链合作，通过技术支持和市

场渠道，帮助乡村地区提高农产品生产效率，减少资源浪费。同时，城市也可以与乡村地区共享一些资源，例如，可再生能源的产生，从而减轻了乡村地区的负担。

再次，协调的城市发展可以促进资源的循环利用。城市通常是资源的消耗中心，但也是废弃物的产生中心。通过采用循环经济的理念，城市可以将废弃物转化为资源。例如，废弃物的回收和再利用、有机废物的堆肥、水资源的再生利用等都有助于减少资源的浪费。城市和乡村地区之间的协同发展可以促进这些循环利用的实施，降低了环境负担。

最后，协调的城市发展需要政策和规划的支持。政府可以通过出台相关政策来鼓励城市和乡村地区的合作，制定环境标准和资源管理政策，以确保资源的可持续利用。同时，城市规划也需要更多考虑生态平衡和环境保护，以减少城市对自然资源的压力。

（三）乡村经济振兴

首先，城乡一体化发展为乡村经济振兴提供了机会。传统上，城市和乡村地区之间存在着资源和发展不平衡，导致乡村地区的经济相对滞后。通过城乡一体化发展策略，城市可以支持乡村地区建设现代农业基础设施、推动农产品加工和市场销售，从而提高农业生产的效益和竞争力。

其次，城市可以促进绿色农业的发展。绿色农业强调可持续农业生产方式，包括有机农业、生态农业和水资源管理等。城市可以提供技术支持和市场，帮助乡村地区转向更环保和可持续发展的农业模式。这不仅有助于改善农产品质量，还减少了化肥和农药的使用，有益于环境保护和身体健康。

再次，城市可以推动乡村旅游业的发展。乡村地区通常拥有丰富的自然资源和文化遗产，适合开展乡村旅游活动。城市可以投资建设乡村旅游基础设施，如乡村度假村、景点开发和农家乐等，吸引游客前来观光和体验农村生活。这不仅增加了乡村地区的收入，还促进了文化传承和乡村社区的繁荣。

最后，城乡一体化的发展有助于改善乡村居民的生计。通过提供就业机会和增加农产品收入，城乡一体化可以减轻农村地区的贫困问题。此外，城市也可以支持农村地区的教育、医疗和社会保障等基础设施建设，提高农村居民的生活质量。

二、绿色技术的创新与应用

（一）城镇化促进绿色技术创新和应用的空间拓展

1. 城市发展需求推动绿色技术创新

城市化的迅速发展为绿色技术的创新提供了巨大的动力和市场需求。随着城市人口的不断增加，城市面临着诸多挑战，包括能源供应、废弃物处理、交通拥堵以及环境污染等问题。这些问题的解决迫切需要绿色技术的创新和应用。

首先，城市规划和建设方面的绿色技术创新。城市规划师和建筑设计师采用了一系列创新技术，包括绿色建筑设计、节能材料、智能建筑管理系统等，以提高建筑的能源效率和环境友好性。例如，太阳能电池板和绿色屋顶的应用有助于减少建筑的能源消耗，减轻城市的碳足迹。

其次，可再生能源的创新和应用。城市对于电力供应的需求巨大，而可再生能源，如太阳能和风能，已经成为清洁能源领域的关键创新能源。城市和乡村地区都在积极开发这些可再生能源，以减少对化石燃料的依赖，并降低碳排放。智能电网和储能技术的创新也有助于提高可再生能源的可用性和稳定性。

再次，智能交通系统的创新。城市交通问题一直是一个挑战性问题，但绿色技术的创新正在改变交通方式和交通管理。智能交通系统利用传感器、数据分析和智能控制来优化交通流量，减少拥堵，提高交通效率。电动交通工具，如电动汽车和电动公交车，也在城市中得到推广，减少了尾气排放。

最后，水资源管理和废弃物处理的创新。城市需要高效的水资源管理和废弃物处理系统，以确保水资源的可持续供应和废弃物的安全处理。绿色技术包括智能水表、水资源回收和废物分类系统，已经在城市中得到广泛应用，提高了资源利用效率和环境保护水平。

2. 城乡协同促进跨地域绿色技术应用

城镇和乡村之间的协调耦合性促进了绿色技术的跨地域应用。城市通常是绿色技术的创新和研发中心，而乡村地区则提供了丰富的自然资源和发展空间。这种城乡合作使得绿色技术的应用更加全面和可持续性。

首先，可再生能源的跨地域应用。乡村地区通常拥有广阔的土地和自然资源，适合发展太阳能和风能等可再生能源项目。城市可以提供技术支持、投资和市场需求，促进乡村地区的可再生能源开发。这种合作形式有助于减少城市的碳排放，实现能源供应的多样化。

其次，生态农业和食品供应链的跨地域合作。城市对农产品的需求巨大，而乡村地区是农业生产的主要区域。绿色技术的应用包括有机农业、水资源管理和农业科技的创新，有助于提高农产品的质量和产量。城市可以提供市场和物流支持，将农产品送到城市，同时乡村地区可以通过绿色农业实践保护土壤和水资源。

再次，水资源管理和水质净化的合作。城市需要大量的清洁水源供应，而乡村地区通常拥有丰富的水资源。绿色技术的应用包括水资源管理、水资源循环利用和水质净化技术的创新。城市和乡村地区可以合作建立水资源互补系统，使城市得到稳定的水源供应，同时乡村地区可以获得技术支持和投资，提升水资源管理水平，净化污水并将其重新利用。

最后，生态旅游业的跨地域发展。乡村地区通常拥有美丽的自然景观和独特的文化资源，适合发展生态旅游业。绿色技术的应用包括可持续发展旅游规划、环保交通方式和数字化旅游体验的创新。城市可以提供市场推广和数字化平台，吸引游客前往乡村地区，同时乡村地区可以通过生态旅游业提高居民的生活水平，改善地区经济。

（二）城市绿色技术创新和应用的经济影响

城镇化对绿色技术创新和应用产生了深远的经济影响，不仅创造了大量就业机会，还促进了技术创新和产业升级。以下是城市绿色技术创新和应用的经济影响的具体表现：

1. 就业机会的增加

绿色技术的创新和应用在城市中创造了丰富的就业机会，这不仅促进了可持续发展经济增长，还提供了多样化的职业选择，为各类人才提供了就业和发展的机会。

（1）绿色建筑行业

第一，建筑师和设计师。绿色建筑行业需要专业的建筑师和设计师，他们负责制定绿色建筑设计和规划，以确保建筑物的高能效和环保性。

第二，工程师和施工人员。绿色建筑项目需要工程师和施工人员，他们负责实施可再生能源系统、节能设备和环保材料的安装。

第三，建筑评估专家。专门从事建筑评估和认证的专家，如 LEED 认证专业人员，评估建筑的环保性能，提供可持续性发展建议。

（2）可再生能源领域

第一，太阳能能源。太阳能能源行业需要工程师、技术人员和安装师傅来设计、制造、安装和维护太阳能电池板和系统。

第二，风能领域。风能项目需要风力工程师、风机技术人员和维护人员，他们负责风力涡轮机的建设和运维。

第三，储能技术。随着可再生能源的增长，储能技术的需求也在增加，这包括电池技术和储能系统的设计、制造和维护。

（3）智能交通系统

第一，软件开发人员。智能交通系统需要软件工程师和开发人员来设计和维护交通控制系统、智能交通管理软件和数据分析软件。

第二，IT 专家。管理和维护复杂的交通管理系统需要 IT 专家，需要他们确保系统的稳定性和安全性。

（4）环境科学与管理

第一，环境科学家和工程师。绿色技术的应用需要专业的环境科学家和工程师来监测环境影响、处理废弃物和进行环境改进。

第二，可持续性顾问。企业和政府部门越来越需要可持续性顾问，以制定可持续性发展战略和政策，确保环保法规的合规性。

（5）绿色创业家和企业家

第一，绿色创业家。绿色技术创业领域为创业家提供了创业机会，他们可以开发新的绿色技术和解决方案，推动可持续创新。

第二，企业家。绿色技术行业吸引了企业家的关注，他们为创新公司提供资金支持，推动绿色技术的发展。

2. 技术创新的推动

首先，城市绿色技术的创新推动了新材料的研发和应用。绿色建筑、清洁能源和环保技术的兴起促使科学家和工程师开发新型材料，以满足可持续性发展需求。例如，新一代绝缘材料和高效建筑材料被广泛研究和使用，以改善建筑的能效。太阳能电池板的材料和效率也不断提高，使可再生能源更加可行。

其次，绿色技术的创新加速了新能源技术的发展。可再生能源，如太阳能和风能的研究和开发成果在城市中得到了广泛应用。太阳能电池的效率提高和成本降低，推动了太阳能发电系统的普及。风力涡轮机的设计和制造也不断创新，提高了风能的利用效率。此外，储能技术的研究使得可再生能源的可靠性和可持续性得到了提高。

再次，信息技术在城市绿色技术中的作用不可忽视。智能交通系统、智能建筑和环境监测系统的开发需要先进的信息技术支持。传感器、物联网技术和数据分析方法的创新使城市能够更精确地监测和管理资源使用、交通流量和环境质量。

最后，绿色技术的创新促进了环境科学和可持续性发展研究领域的发展。研究人员致力于寻找更有效的环境保护方法，如废弃物处理、水资源管理和生态系统恢复。这些研究不仅为城市提供了解决环境问题的科学依据，还为城市规划和政策制定提供了重要的指导。

3. 产业升级和竞争力提升

首先，城市绿色技术的创新推动了产业升级。在过去，许多城市以传统制造业为主导，但随着绿色技术的兴起，城市开始注重绿色产业的发展。例如，可再生能源行业的崛起催生了太阳能和风能设备的制造业。这些新兴产业为城市带来了新的增长点，吸引了大量的资本和人才投入。

其次，绿色技术的应用提高了城市产业的竞争力。城市采用绿色技术来提高能源效率、减少废弃物和污染，降低了生产成本，提高了产品质量。这使城市的企业更具竞争力，能够在全球市场上脱颖而出。例如，采用节能设备和清洁生产方法的制造企业在国际市场上更容易获得订单，因为它们不仅符合环保法规，还具有可持续性发展的经营模式。

再次，绿色技术的创新鼓励了城市的创业者和初创企业的发展。许多新兴绿色技术领域需要创新思维和创业精神，这为创业家提供了丰富的机会。城市“孵化器”和创业“加速器”通常会支持绿色技术初创企业，帮助它们获得资金、导师和市场准入，从而推动了创新的发展。

最后，城市绿色技术的推广有助于提高城市的产业结构多样性。传统产业容易受到全球市场波动的影响，而绿色技术产业通常更具稳定性和可持续性。因此，城市通过引入新的绿色产业，降低了产业结构的风险，提高了城市的经济韧性。

4. 城市间合作和区域经济发展

首先，城市间合作在绿色技术领域推动了知识和经验的共享。不同城市可能在绿色技术的研究、应用和政策制定方面拥有独特的专业知识和经验。通过建立城市间的交流和协

作机制，城市可以分享最佳实践、成功案例和教训，从而相互受益。这种知识共享有助于加速绿色技术的传播和采纳，提高各城市的可持续发展水平。

其次，城市间合作促进了跨领域的技术创新。合作城市通常汇集了来自不同领域的专业人才和创新资源。这种多领域的协作创造了更多的机会，以解决城市面临的复杂环境和可持续发展挑战。例如，一个城市可能在可再生能源技术方面表现出色，而另一个城市可能在智能交通系统领域有卓越成就。通过合作，它们可以共同探讨整合不同领域的技术来改进城市基础设施和服务。

再次，城市间合作有助于推动区域经济发展。当多个城市在绿色技术领域合作时，它们可以共同推动产业链的升级和创新。这涵盖了绿色建筑、可再生能源、清洁交通、环境监测等多个领域。这种区域内的合作产生了更多的就业机会、创新投资和企业发展，从而提高了整个区域的经济活力。

最后，绿色技术的应用吸引了国际投资和跨国公司的关注。由于绿色技术代表了未来可持续发展的方向，许多跨国公司愿意在不同城市投资并推动绿色项目的发展。这种国际的经济合作不仅为城市带来了资金和技术，还提高了城市在国际市场上的知名度和竞争力。国际投资和企业入驻还带动了就业机会的增加，促进了城市和区域的经济繁荣。

（三）社会和政策层面的重要变革

城镇化对绿色技术的创新和应用还涉及社会和政策层面的重要变革。以下是城市绿色技术创新和应用在社会和政策方面的几点影响。

1. 城市规划和政策的转型

首先，城市规划和政策的转型强调了绿色基础设施的重要性。传统城市规划主要侧重于满足人口增长的需求，但现在越来越多的城市规划着眼于生态平衡和环境可持续性发展。这包括建设绿色公园、生态湿地和城市森林，以提供居民休闲和文化活动的场所，同时改善城市的生态系统健康。城市规划师还应考虑如何减少城市热岛效应、改善空气质量和保护自然景观。

其次，公共交通的发展成为城市规划的重要组成部分。为了减少交通拥堵和减少碳排放，城市需要建设高效的公共交通系统，包括地铁、电车、公共自行车道和步行道。城市规划师应考虑到这些因素，努力将公共交通纳入城市发展规划中，以便提供更便捷、更环保的出行方式。

再次，环境保护成为城市规划的核心目标。城市化通常伴随着大量土地开发和自然资源的消耗，容易导致生态系统的破坏。因此，现代城市规划将环境保护作为优先考虑因素之一。这包括保护湿地、水资源、野生动植物栖息地和自然景观，以及采取可持续发展的土地利用规划来减少土地的浪费和不合理开发。

最后，政府制定了一系列支持绿色技术发展的政策。这些政策旨在鼓励企业和居民采用绿色技术，以减少碳排放和资源消耗。其中一些政策包括税收激励，例如，对可再生能源投资提供税收抵免；绿色能源配额，要求能源供应商提供一定比例的可再生能源；以及碳排放限制，设定碳排放的上限，鼓励减排措施的采用。这些政策推动了市场对绿色技术和可再生能源的需求，促进了市场的发展。

2. 社会需求的改变

首先，城市居民对清洁能源的需求逐渐增加。随着气候变化和环境问题引起更多地关注，越来越多的人开始支持并采用清洁能源，如太阳能和风能。在一些城市，政府鼓励居民安装太阳能电池板，并提供相关的激励措施，如补贴和税收减免。这些举措推动了可再生能源市场的增长，并促使居民选择更环保的能源来源。

其次，环保产品和可持续消费的需求也在上升。越来越多的城市居民关心产品的环保性能，追求可再生材料和无害化学成分的产品。这种需求促使企业改进产品制造过程，减少了环境影响。同时，一些城市还制定了政策，鼓励企业采用环保包装、减少塑料污染等可持续消费实践。

再次，可持续交通方式的需求也在不断增长。城市居民对公共交通、自行车共享和步行等环保出行方式的兴趣不断高涨。政府投资公共交通系统的改善和扩建，提供自行车道和步行道，鼓励居民采纳更加可持续发展的出行方式。此外，共享出行服务如共享单车和电动滑板车也满足了居民对便捷、环保交通的需求。

最后，公众的环保意识不断提高，人们更加注重个人行为对环境的影响。在一些城市，教育机构和社会团体积极开展环境保护教育和宣传活动，鼓励居民采取可持续发展生活方式。垃圾分类、节水用电、减少塑料使用等环保行为逐渐成为社会主流，推动了城市居民更绿色的生活方式。

3. 绿色技术的社会影响

绿色技术的创新和应用不仅改变了城市和乡村的经济格局，还产生了深远的社会影响。

首先，绿色技术的应用改善了城市居民的生活质量。清洁的空气和水源、低碳的交通方式以及绿色的居住环境使人们的生活更加健康和舒适。

其次，绿色技术的发展创造了社会公平和包容的机会。绿色产业的增长带来了更多的就业机会，促进了社会的就业稳定。此外，绿色技术的普及降低了一些基本服务的成本，如能源和交通，使更多人能够享受到高质量的生活。

最后，绿色技术的推广有助于改善城市和乡村地区的生态环境。通过减少污染和资源浪费，绿色技术有助于保护生态系统，维持生态平衡，减少自然灾害的发生。这些改善对于社会的可持续发展至关重要。

三、生态系统服务的价值认知

城镇化协调耦合性要求城市和乡村之间的资源共享以及加强生态系统服务保护。这使人们更加认识到自然环境对经济和社会的重要性。绿色发展的理念将生态系统服务的价值

纳入了决策过程中，鼓励保护和恢复自然资本，以提高可持续性发展和生态健康。

（一）城镇化协调耦合性对生态系统服务的认知

城镇化协调耦合性促使城市和乡村之间建立更紧密的联系和互动，这导致了对生态系统服务价值的更深刻认识。在城市和乡村的互动中，人们逐渐意识到自然环境对于经济和社会的关键作用。以下是一些主要的认知方面：

首先，城市对乡村地区的资源依赖加强了对农业生产、水资源和生态系统的关注。城市需要大量地农产品供应、清洁水源，以及其他生态系统服务来维持其正常运行。这导致了城市居民和政策制定者要更加关注如何保护和维护这些生态系统，以确保资源的可持续供应。

其次，城镇化过程中的土地利用变化引发了对生态系统服务的重新思考。城市扩张通常伴随土地开发和改变，这会影响到自然生态系统的功能。人们开始关注城市化对水循环、土壤质量、空气质量和生物多样性等方面的影响，从而认识到保护自然资源的重要性。

再次，城市与乡村之间的协同发展要求资源共享和环境保护，这加强了对生态系统服务的价值认知。城市和乡村地区之间的合作不仅有助于平衡资源的需求，还有助于共同维护生态系统的健康。这种协同发展的理念推动了人们更全面地考虑生态系统服务对社会和经济的价值。

最后，城市化的影响使人们更加清晰地意识到环境恶化可能对城市居民的生活质量和健康产生负面影响。空气污染、水污染、自然灾害等问题凸显了环境保护的紧迫性。因此，城市居民逐渐认识到，维护生态系统的健康和提供生态系统服务对于城市的可持续发展至关重要。

（二）绿色发展理念与生态系统服务

绿色发展理念将生态系统服务的价值纳入了决策过程中，鼓励保护和恢复自然资源，以提高可持续性发展和生态健康。以下是绿色发展理念与生态系统服务之间的关联：

首先，绿色发展理念强调经济增长与环境保护的协同发展。它认为可持续发展需要在经济发展的同时保护和维护生态系统。这就需要将生态系统服务的价值纳入经济决策中，确保资源的合理利用和环境的可持续性发展。

其次，绿色发展理念倡导资源的高效利用和循环经济，这与生态系统服务的概念密切相关。资源的高效利用和循环经济可以减少资源浪费，提高生态系统服务的可持续供应。例如，废弃物回收和再利用有助于减少资源的消耗，同时保护了生态系统的功能。

再次，绿色发展理念强调社会和环境的共同繁荣。它强调了人类与自然之间的相互依存关系。这意味着保护生态系统服务不仅有助于维护自然环境，还有助于提高人民的生活质量。例如，清洁的水源和健康的生态系统可以提供饮用水和食物，有益于居民的健康和福祉。

最后，绿色发展理念通过政策和法规的制定和实施，将生态系统服务的价值纳入各个层面的决策中。这包括制定环保标准、鼓励可持续发展农业、支持生态旅游等方面。这些政策措施有助于保护和提升生态系统服务的供应能力，同时推动了经济和社会的可持续发展。

第六章　城镇化协调耦合性的现状分析

第一节　城镇化协调耦合性的现状和问题

一、城镇化速度的加快

城镇化速度的急剧加快在中国和其他国家都引起了广泛关注。

（一）土地资源的过度开发

首先，城镇化速度的加快带来了大规模的土地开发。随着城市人口的不断增加，城市面积的不断扩张，需要更多的土地来建设住宅区、商业区、工业园区以及基础设施，如道路、机场和港口等。这种土地开发常常涉及农田和自然生态系统的改造，导致了土地资源的过度开发。农田被转变为城市用地，这对粮食生产和农村经济造成了严重的影响。

其次，土地资源的过度开发对粮食安全产生了直接地威胁。农田的减少意味着粮食生产的减少，而城市对粮食的需求却在不断增加。这可能导致粮食供应不足，使粮食价格上涨，进而影响到居民的生活成本。粮食安全是一个国家的基本需求，土地资源的过度开发可能会危及国家的粮食安全。

再次，土地资源的过度开发导致生态环境的破坏。自然生态系统如森林、湿地和草原等被破坏，生物多样性减少，生态平衡受到破坏。这不仅对生态系统本身产生负面影响，还导致了土壤侵蚀、水资源污染和自然灾害频发。例如，城市扩张通常会破坏河流和湖泊周围的湿地，增加了洪水的风险。

最后，土地资源的过度开发也引发了土地所有权和使用权的争议。在城市化过程中，土地的所有者可能被政府或开发商强制征地，这引发了土地征地的争议。农村居民失去了他们的农田，而往往没有得到足够的补偿。因此，这种土地争议导致了社会不稳定和不满情绪的积聚。

（二）基础设施建设的压力

首先，城镇化速度的加快对道路基础设施形成了巨大压力。随着城市人口的增加，交通需求不断增长，但道路建设滞后于城市扩张的速度。这导致了交通拥堵成为城市的普遍问题，不仅浪费了居民的时间，还增加了交通事故的风险。交通拥堵还导致了车辆的排放增加，加剧了空气污染问题，对居民的健康产生了负面影响。

其次，供水系统也承受了巨大的压力。城市人口的增加意味着对供水的巨大需求，但一些城市的供水系统滞后于城市扩张的速度。供水短缺成为常态，特别是在干旱季节。这不仅影响了居民的正常生活，还对农业和工业生产造成了严重问题。此外，由于不合理的水资源管理和污水排放，一些城市面临水质问题，威胁着居民的饮用水安全。

再次，污水处理设施的不足引发了环境污染问题。随着城市化的推进，污水排放大幅增加，但一些城市的污水处理设施无法满足需求。这导致了污水直接排放到水体中，污染了河流和湖泊，危害了水质安全和水生生态系统的健康。同时，废水排放还增加了氮、磷等污染物的释放，导致水体富营养化问题，引发蓝藻暴发等环境问题。

最后，电力和通信基础设施也面临压力。城市化带来了对电力的需求巨大增加，但电力供应系统有时无法满足需求，导致了电力短缺和电力故障。这可能影响到生产和生活。同时，通信基础设施的不足也会妨碍城市的信息化和数字化发展，限制了经济的现代化和竞争力。

（三）社会问题的增加

首先，城市化速度的加快导致了就业压力的剧增。大量农村居民涌入城市，寻求更好的就业机会和生活条件，导致了城市就业市场的激烈竞争。这种激烈的竞争使找工作变得更加困难，尤其是对于低技能和低学历的劳动者而言。这可能导致部分人口失业或从事低薪的临时工作，影响了他们的生活质量和社会稳定。

其次，城市住房市场的紧张问题引发了住房短缺和高房价等问题。随着城市人口的增加，需求迅速上升，但住房供应跟不上。这导致了住房市场的紧张局势，房价飙升，普通居民难以负担购房或租房的成本。住房问题不仅使居民的生活负担加重，还可能导致社会不平等的加剧，因为只有少数人能够购买高价住房，而大多数人被排除在住房市场之外。

再次，城市服务设施的不足也是一个突出的社会问题。城市化速度加快，人口大规模涌入城市，教育、医疗和其他社会服务设施可能跟不上人口的增长。这导致了教育资源分布不均衡，一些地区的学校师资力量不足，学校设施不完善。医疗资源短缺也影响了医疗服务的质量和可及性。这使一些居民面临接受良好教育和医疗服务的难题，特别是在城市贫困地区。

最后，社会服务不足问题也可能引发社会不满情绪和不稳定。居民对于就业、住房和社会服务的不满可能导致社会抗议和不稳定事件的发生。政府和社会机构需要采取措施来解决这些问题，包括加大对社会服务的投资、推动就业机会的多样化、实施住房政策以减轻住房压力等。

二、城镇化协调性的不足

城镇化协调耦合性是城市与乡村之间发展的平衡和协调，但在城镇化速度加快的背景下，城镇化协调性不足的问题变得尤为明显。

（一）人口流动和城乡差距

首先，城市化速度的加快吸引了大量农村居民进入城市。这是由于城市通常提供了更多的就业机会、更好的教育和医疗资源以及更丰富的生活选择，这些因素吸引了农村居民迁往城市寻求更好的生活。然而，大规模的人口涌入城市可能会导致城市人口急剧增加，人口密度上升，使城市基础设施和公共服务设施的负担增加。

其次，城市的人口密度增加可能导致了住房问题。随着城市人口的迅速增加，需求迅速上升，而住房供应有限。这导致了住房市场的紧张局势，房价上涨，使许多居民难以承受高昂的住房成本。特别是在一些大城市，住房问题已经成为严重的社会问题，城市居民的居住质量受到了影响。

再次，城市化导致了农村地区的人口减少，加剧了乡村地区的老龄化和人口外流问题。大量的年轻人涌入城市工作和生活，导致农村地区的劳动力减少，老年人口比例增加。这可能导致农村地区的农田荒芜、农业产出下降、乡村经济面临困境。同时，老龄化问题也给乡村地区的社会保障和医疗服务带来了挑战，因为年轻的劳动力越来越稀缺。

最后，人口流动不平衡可能引发社会不稳定。农村居民进入城市，他们需要适应城市的生活方式和文化，可能面临社会融合问题。一些农村居民可能在城市找不到合适的工作，导致社会不满情绪和就业问题。此外，城市中的不平等现象可能加剧社会紧张局势，因为一些人能够享受城市的繁荣，而另一些人则处于社会边缘。

（二）资源和产业不平衡

首先，城市和乡村地区之间的资源不平衡主要体现在食物供应方面。随着城市人口的增加，城市对食品的需求也大幅上升。然而，由于城市扩张占用了大量农田，农业产能受到了限制，导致了食品供应的不足。这种不平衡可能导致食品价格上涨，给城市居民带来经济压力，同时影响了粮食安全。

其次，水资源的不平衡是城市化过程中的重要问题。城市有大量的清洁供水和废水处理需求，而这些水资源通常需要从乡村地区供应。然而，一些地区面临水资源短缺的问题，尤其是在干旱地区或山区。这可能导致城市供水短缺，影响居民的日常生活，同时给乡村地区的农业和生态环境带来了压力。

再次，能源资源的不平衡也是一个挑战。城市需要大量的能源供应，包括电力和燃料，以满足工业生产、交通运输和生活需求。然而，能源供应通常来自乡村地区的电厂和能源资源开采，这可能导致资源的不合理配置和运输损失。另外，城市对能源的需求也会导致更多的碳排放，加剧了环境问题。

最后，城市和乡村地区的产业布局不平衡也是一个关键问题。城市通常拥有更多的高科技产业、金融服务和文化创意产业，而乡村地区主要依赖传统农业和初级产业。这种不平衡导致了城乡经济结构的差异，城市更容易实现经济增长，而乡村地区的发展受限。为了实现城乡协调发展，需要促进乡村地区的产业升级和多元化，提高农村居民的收入水平。

（三）农村地区的发展困境

首先，农村地区的劳动力外流对于农村经济造成了重大挑战。随着大量年轻人涌入城市寻找工作机会，农村地区的劳动力大规模外流，导致了劳动力短缺的问题。这在农村地区的农业生产中尤为显著，因为农业依赖于季节性的劳动力，而劳动力外流可能导致农田的荒芜和农产品的减产。这不仅对农村居民的生计构成威胁，还可能影响到国家的粮食安全。

其次，农村地区的人口老龄化问题进一步加剧了农村经济的困境。随着年轻人流入城市，农村地区的老年人口比例不断上升。老年人口的增加意味着更多的养老和医疗支出，而农村地区的社会保障体系相对薄弱，难以满足老年居民的需求。这也导致了农村地区的人口减少，使一些村庄和社区面临着消失的风险。

再次，农村地区的经济结构相对单一，主要依赖农业产业。随着城市化的推进，农村地区的农业产业可能受到冲击，因为城市化会导致土地流失和农田减少。此外，一些农村地区缺乏多样化的经济产业，过度依赖农业收入，这使农村地区的经济脆弱，难以应对外部冲击。

最后，城市与乡村之间的不平衡发展可能导致社会不公平和不稳定。城市通常拥有更多的教育和就业机会，而农村地区的教育水平和收入水平较低。这导致了城乡居民之间的差距扩大，可能引发社会不满和冲突。同时，农村地区的社会服务设施也相对不足，居民的基本需求得不到满足，加剧了社会不稳定因素。

三、城市化管理和规划的挑战

城镇化速度加快对城市管理和规划提出了严峻挑战，包括以下方面。

（一）城市规划的前瞻性和可持续性

首先，城市规划的前瞻性体现在对人口增长和城市扩张的科学预测和规划。在城市化快速发展的情况下，城市规划需要准确估算未来的人口增长趋势，以确保城市的住房、交通、教育和医疗等基础设施能够满足不断增长需求。这需要城市规划者充分考虑人口流动、迁徙趋势以及城市吸引力的变化，以制订合理的城市发展计划。

其次，城市规划的前瞻性也包括了对基础设施建设的长期规划。城市需要不断发展和改善交通系统、供水和排污系统、电力供应和通信网络等基础设施，以支持城市的可持续发展。因此，城市规划需要考虑未来数十年的基础设施需求，包括新建设施、现有设施的升级和维护等方面。这需要城市规划者预测未来的交通流量、电力需求、水资源需求等，以确保基础设施能够跟上城市发展的步伐。

再次，城市规划的前瞻性还涉及土地利用和用地规划。随着城市扩张，土地资源的有效利用变得尤为重要。城市规划需要平衡城市建设和自然环境的保护，确保城市的绿地、

公园、湿地等自然资源得以保留和恢复。这需要城市规划者考虑城市的生态系统和生态功能，以实现生态保护和城市可持续发展的双赢。

最后，城市规划的前瞻性还需要综合考虑气候变化和环境保护。气候变化对城市发展产生了重要影响，城市规划需要考虑气温升高、极端天气事件和海平面上升等气候因素，以制定相应的适应策略。同时，城市规划也需要制定减少碳排放、提高能源效率和推广可再生能源利用的计划，以减轻城市对化石燃料的依赖，降低碳足迹，实现可持续发展目标。

（二）城市基础设施建设的紧迫性

首先，城市基础设施建设的紧迫性表现在交通拥堵问题上。随着城市人口的不断增加，道路和交通系统的需求急剧增加。然而，一些城市的道路网和公共交通系统滞后于城市扩张的速度。这导致了交通堵塞，不仅浪费了居民的时间，还增加了能源消耗和空气污染。为解决这一问题，城市需要加快公共交通建设，提高道路网络的质量，并推动交通管理和智能交通系统的应用，以改善交通状况。

其次，供水短缺是城市基础设施建设亟待解决的问题之一。随着城市人口的增长，对供水系统的需求也在增加。然而，一些城市面临着供水不足的困境，尤其是在干旱地区。供水不足不仅威胁居民的日常生活，还限制了城市的经济发展。因此，城市需要投资于水资源管理和供水系统的改善，包括提高供水管网的覆盖率和水资源的有效利用。

再次，污水处理不完善是城市基础设施建设的一项紧迫任务。城市生活产生大量污水，如果不进行合理处理，将对水质和环境产生负面影响。一些城市的污水处理设施滞后于污水排放的需求，导致了水体污染和生态环境破坏。为解决这一问题，城市需要加强污水处理设施的建设和维护，以确保排放的水质达标，并减轻对自然环境的不良影响。

最后，电力和通信设施的建设也是城市基础设施紧迫性的体现。随着城市化的推进，电力需求不断增加，同时通信网络的普及也成了城市发展的必要条件。一些城市可能面临电力供应不足的问题，从而导致停电事件频发。此外，通信基础设施的不完善可能影响到城市的信息化发展。因此，城市需要加强电力供应和通信网络的建设，以满足日益增长的电力和通信需求，推动城市的现代化发展。

（三）城市管理的挑战

首先，城市管理面临的挑战之一是人口爆炸性增长带来的问题。随着城市化的推进，城市人口迅速增加，政府需要提供足够的基本公共服务，如教育、医疗、住房等，以满足居民的需求。这需要政府加大投入，扩建学校、医院和住房等基础设施，以确保城市居民的生活质量。同时，也需要合理规划城市人口的流动，以避免人口过于集中在某些城市区域，导致资源分配不均衡和社会问题的积累。

其次，交通拥堵是城市管理的一项重要挑战。城市化导致城市道路的交通流量急剧增加，但道路建设往往滞后于交通需求。这导致了交通拥堵问题，不仅浪费了居民的时间，还加剧了能源消耗和环境污染。为解决这一问题，城市管理需要投资于公共交通系统的建设，改善道路网络，推广绿色出行方式，并采用智能交通管理技术，以提高交通效率。

再次，环境污染是城市管理的紧迫问题之一。随着城市工业和交通的发展，大气污染、水污染和噪声污染等问题日益突出。政府需要采取措施来减少污染排放，改善环境质量，保护居民的健康。这包括制定严格的环保法规，鼓励绿色产业发展，推广清洁能源，加强环境监测和治理，以降低城市的环境负担。

最后，城市管理需要更高效的决策机制和治理体系。城市问题通常较为复杂，需要跨部门、跨领域的协同治理。政府需要建立更灵活的决策机制，吸引专业人才参与城市管理，提高政府决策的科学性和透明度。此外，市民参与和社会组织的作用也需要充分发挥，以促进城市治理的民主化和社会化。

第二节　城镇化协调耦合性不协调的原因和机制

一、政策落实不力的因素

（一）政策制定与执行之间的断层

政策制定与执行之间的断层是城镇化协调耦合性不协调的一个关键因素。尽管政府出台了一系列城镇化政策和规划，但在实际执行中存在众多问题。

1. 政策制定阶段的问题

首先，信息不对称。政策制定者可能缺乏对城市和乡村的深刻了解，导致政策制定时未能充分考虑到实际情况。这种信息不对称可能源于政策制定者对地方情况的不熟悉，或是政策制定过程中未充分征求各方利益相关者的意见。例如，一些城市化政策可能在制定时未考虑到乡村地区的特殊发展需求，导致政策不切实际。

其次，缺乏长远视野。有些政策可能过于注重短期经济增长，忽视了城乡长期发展的可持续性。政府官员可能更关注眼前的政绩和政府财政收入，而不愿考虑城乡发展的长远利益。这导致了政策缺乏长远视野，不符合可持续发展的原则。

2. 政策执行阶段的问题

首先，监管和考核机制不健全。政府的政策执行力度可能不足，监管和考核机制存在漏洞。这意味着政策在实际操作中未能得到切实贯彻。政府机构之间的协调不足和信息不畅通可能导致政策执行出现滞后或错位。一些地方政府或企业可能因此而逃避政策的执行。

其次，地方政府的自由裁量权。地方政府在政策执行中通常具有一定的自由裁量权，这可能导致政策执行的不一致性。一些地方政府可能会根据自身的利益和偏好对政策进行解读和执行，而不一定遵循中央政府的意图。这种情况下，政策的执行可能偏离了政府的

初衷，影响了城镇化协调性。

（二）地方政府的利益驱动

1. 短期政绩考核压力

一些地方政府官员通常受到短期政绩考核的影响，他们需要在有限地时间内取得显著的政绩以提升个人职业生涯。这种考核机制可能导致官员更注重本地区的短期经济增长，因为这是最容易取得快速成果的领域之一。为了实现快速地经济增长，地方政府可能会过度追求城市化速度，引导大规模土地开发和工业项目，从而牺牲了乡村地区的发展。

首先，政绩导向的城市化。政绩考核机制通常更关注短期经济增长，这促使地方政府更加关注本地区的城市化速度。为了快速取得政绩，政府官员可能会过度追求土地开发、工业项目和基础设施建设等领域的发展，这可能牺牲了乡村地区的发展。

其次，短视的政策决策。政府官员面临政绩考核的压力，可能更容易做出短视的政策决策，忽视了长期城乡协调发展的战略。他们可能会倾向于支持那些能够在短时间内带来显著经济效益的项目，而未充分考虑项目的长期影响和可持续性。

最后，资源的不均衡配置。由于政绩考核偏向短期经济指标，地方政府可能在资源分配上不均衡，更多的资源被投入城市化进程中，而农村地区的资源配置不足。这导致了城市和乡村之间的资源不均衡，加剧了城乡发展差距。

2. 财政收入依赖

地方政府通常依赖地方财政收入来支持政府的日常运营和基础设施建设。为了增加财政收入，一些地方政府可能会过度追求土地出让收益、吸引工业企业和房地产开发，因为这些领域通常能够为政府带来大量资金。这种情况下，政府的决策可能更多地受到财政收入的影响，而非城乡综合发展的考虑。

首先，土地出让压力增大。为了增加财政收入，地方政府可能会过度依赖土地出让收益，导致土地开发过度、城市扩张速度过快。这可能导致了农田的大面积占用和环境的破坏，加剧了资源的不均衡。

其次，过度吸引工业企业。地方政府为了吸引工业企业，通常提供各种优惠政策，这可能导致了大规模的工业项目进驻，导致资源的过度利用和环境的污染。政府官员可能更愿意引进高污染产业，因为这些企业通常能够快速带来财政收入。

最后，房地产泡沫风险。一些地方政府依赖房地产市场来融资，通过土地出让金和房产税收入来支持财政需求。这可能导致房地产市场的泡沫风险，因为政府可能过度推动房地产开发，导致市场供大于求，最终可能引发房地产市场崩溃。

3. 政府官员个人利益

一些地方政府官员可能会从土地征收和城市规划项目中获得个人利益。他们可能与地方企业或开发商合作，以获取项目中的不正当好处。这种行为可能导致不合理的土地使用、资源浪费和环境破坏，因为政府官员可能更关注个人利益而非公共利益。

首先，不合理的土地使用。政府官员可能通过不正当手段获取土地征收项目中的好处，这可能导致土地不合理使用。土地可能被大规模开发成房地产项目，而忽视了农田保护和生态环境的需求，从而加剧了资源的不均衡和土地的浪费。

其次，资源浪费。政府官员可能过度推动大规模的城市规划和工业项目，以获取更多的个人利益。这可能导致资源的过度利用和浪费，因为项目可能没有经过充分的环境评估和可行性研究。

最后，环境破坏。政府官员可能忽视环境保护，以获取个人好处。这可能导致环境的破坏，包括水污染、空气污染和生态系统破坏，加剧了城市化协调性的不足。

（三）政策的不协调性

城镇化涉及多个政策领域，如土地政策、工业政策、社会保障政策等。这些政策领域之间往往存在不协调性，导致城镇化协调耦合性不足。例如，土地政策可能鼓励土地的大规模开发，以吸引投资和提高地区 GDP。然而，工业政策却未能充分考虑资源利用效率，导致资源的浪费和环境污染。这种政策之间的不协调性使城市化发展缺乏整体性和可持续性，难以实现城乡协调发展的目标。政府需要更好地协调各个政策领域，以确保政策之间的一致性和协调性，从而更好地支持城镇化协调发展。

1. 政策领域的不协调性

（1）土地政策与城镇化的挑战

城镇化是当今中国社会经济发展的主要趋势之一，涉及多个政策领域的协同作用。其中，土地政策在城镇化过程中扮演着至关重要的角色。然而，土地政策与城镇化之间存在一系列不协调性，给城市化带来了一些严重挑战。

首先，土地政策常常鼓励大规模的土地开发，以吸引更多的投资和提高地区的 GDP。这意味着城市的土地资源被快速消耗，大片土地被用于房地产开发，而不是保留用于农业或生态保护。这不仅导致了土地资源的浪费，还加剧了城市的土地紧缺问题，使房地产价格飙升，不利于中低收入群体的住房需求。

其次，土地政策未能充分考虑资源的可持续利用和环境保护。过度地土地开发导致了土地资源的短缺，同时带来了严重的土壤污染和生态破坏。这种环境问题不仅影响了城市居民的生活质量，还对未来城市的可持续发展构成了严重威胁。

（2）工业政策与城镇化的不一致性

中国一直致力于推动工业化进程，但这与城市化发展的目标不一致，因为工业化通常随着资源的过度消耗和环境问题。

一方面，工业政策可能鼓励大规模的工业化和生产，以促进经济增长。这意味着大量的资源被用于生产，但未能考虑资源利用效率。这导致了资源的浪费，包括能源、水资源和原材料，从而对环境产生了巨大的压力。

另一方面，工业化过程通常随着大规模的排放和污染。工业区域的污染物排放对周边

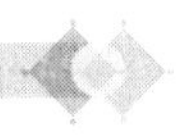

环境和城市居民的健康构成了威胁。这种污染不仅使城市环境质量下降，还增加了环境治理的成本，为城市的可持续发展带来了重大挑战。

（3）社会保障政策与城镇化的协调问题

社会保障政策也与城镇化的不协调性相关。城市化通常随着人口迁移，人口流动会对社会保障体系产生影响。然而，社会保障政策未能充分适应城市化的需求，导致一系列社会问题。

首先，城市化可能导致农村居民进入城市寻找更好的就业机会，但他们常常面临社会保障体系的不适应。他们可能无法享受城市居民的医疗保险、养老金和住房补贴等福利待遇，使他们在城市生活更加困难。

其次，城市化也带来了老龄化的挑战，但社会保障政策未能充分准备好应对这一挑战。城市老年人口的增加需要更多的养老服务和医疗保障，但目前的政策和资源分配并不足以满足这些需求。

2. 不协调性的影响与挑战

（1）城市不协调发展的影响

政策领域之间的不协调性对城市不协调发展产生了多方面的影响。

首先，土地政策的不合理导致城市土地资源的浪费，限制了城市的可持续发展。土地过度开发还加剧了城市的交通拥堵和空气污染问题，降低了居民的生活质量。

其次，工业政策的不一致性导致了资源的浪费和环境问题，这对城市的可持续发展和生态平衡构成了严重威胁。环境污染和资源短缺不仅对城市居民的健康产生负面影响，还增加了环境治理和修复的成本，对城市经济和社会造成了不良影响。

最后，社会保障政策的不协调性导致了城市化过程中社会不公平的加剧。农村居民和城市居民之间的社会福利差距加大，可能导致社会不满和不稳定因素的增加，不利于城市的和谐发展。

（2）城市化协调发展的挑战

政策领域的不协调性也给城市化协调发展带来了一系列挑战。

首先，政府需要更好地协调土地政策和工业政策，以确保土地资源的合理利用和工业生产的可持续性。这可能需要制定更为综合地规划，以平衡城市土地开发和资源保护的需要。此外，政府还应加强对土地使用的监管，以减少土地的滥用开发和浪费。

其次，城市化过程中的环境问题需要更多的政策关注和资源投入。政府可以通过制定更为严格的环境法规和监管措施，来减少工业污染和资源浪费。同时，可持续城市规划和绿色技术的推广也应该成为政府的优先任务，以实现城市的可持续发展。

最后，社会保障政策需要更好地适应城市化的需求。政府可以考虑改革社会保障体系，以扩大覆盖范围，包括农村居民在内，提高社会公平性。此外，应对老龄化挑战的政策也需要加强，包括提供更多的养老服务和医疗保障。

二、经济结构与城市发展的不平衡

（一）城市主导的经济结构

1. 城市化与经济发展

城市化作为中国现代化社会经济发展的主要趋势之一，导致了城市主导的经济结构。城市不仅吸引了大量人口，还成为经济增长的主要引擎。随着城市化的推进，工业和服务业在城市中得到了迅速发展，而农业产业在乡村地区相对滞后。这一不平衡的经济结构对城乡协调发展产生了深远的影响。

首先，城市化使城市对外部资源的依赖增加。城市需要大量的能源、原材料和食品供应来维持其高速发展。这导致了城市对周边农村地区资源的需求不断增加，但也增加了资源的运输和供应压力。这种依赖性可能使城市更加脆弱，一旦外部资源供应出现问题，将对城市的经济稳定性造成威胁。

其次，城市主导的经济结构使农村地区的发展相对滞后。由于资源和资金的集中流向城市，乡村地区的基础设施建设、农业技术创新和产业发展受到限制。这导致了农村地区的农田荒芜、产业单一、就业机会不足等问题，进一步加大了城乡经济差距。

2. 城市主导经济的挑战

城市主导的经济结构不仅带来了城乡发展不平衡，还引发了一系列挑战。其中之一是城市就业市场的压力。随着农村人口涌入城市，城市的就业市场面临了巨大的压力。大量的劳动力进入城市，但并不总能找到合适的工作机会，导致就业问题成为城市化过程中的一个突出难题。另一个挑战是城市社会服务设施的不足。城市化通常伴随着人口的快速增长，但城市的基础设施和社会服务设施往往跟不上需求。这导致了城市居民面临住房紧缺、交通拥堵、医疗和教育资源不足等问题，影响了居民的生活质量。

（二）城市化带来的社会问题

1. 城市化引发的人口流动

城市化过程中，城市通常吸引大量农村人口涌入，寻求更好的就业和生活机会。这种人口流动带来了城市和乡村之间的人口差异，同时引发了一系列社会问题。

（1）城市化引发的人口流动

城市化过程中，城市通常吸引大量农村人口涌入，他们寻求更好的就业和生活机会。这种人口流动带来了城市和乡村之间的人口差异，同时引发了一系列社会问题。

首先，竞争激烈的就业市场。农村人口涌入城市导致城市就业市场的竞争激烈。城市就业机会有限，但农村人口的增加使求职更加困难。许多农民工可能被迫从事低薪、高强度的劳动，工作条件恶劣，不符合劳动法规，导致社会不公平问题的加剧。这种竞争也可能导致城市居民面临失业风险。

其次，社会不公平问题。农村人口的涌入加剧了城市中的社会不公平。由于农民工的工资较低，他们往往无法享受到与城市居民相同的福利和社会保障待遇。这种不平等可能

导致社会分裂和不满情绪，甚至可能会引发社会不安定因素。

（2）城市化引发的社会服务负担

农村人口的涌入也加大了城市社会服务设施的负担。城市的医疗、教育和住房资源有限，难以满足不断增长的人口需求，从而引发以下问题：

首先，医疗资源紧张。农村人口的大规模涌入导致城市医疗资源紧张。医院和诊所可能不足以满足人们的健康需求，导致长时间等待就医和医疗资源不均衡的问题。这可能危及居民的健康，特别是在紧急情况下。

其次，教育资源不足。城市的教育系统通常也难以应对农村人口的大规模涌入。学校可能容纳不了足够的学生，教育质量可能下降，而且师资力量可能不足。这影响了孩子们的教育机会和未来发展，同时增加了家庭的经济负担。

最后，住房价格上涨。农村人口的涌入推高了城市的住房需求，导致住房价格上涨。这使住房对于许多城市居民来说变得更加不可负担。高房价可能迫使人们选择远离城市中心的住所，导致通勤时间更长和交通拥堵等问题。

2. 农村地区的人口减少和资源荒芜

与城市相对较高的人口增长相对比，农村地区的人口流失加剧了乡村的经济困境。大量的年轻人涌入城市工作，导致农村地区的劳动力短缺，农田荒芜，农业产业面临困境。

（1）农村地区的人口减少

农村地区的人口减少是一个显著的问题，与城市相对较高的人口增长形成鲜明对比。这一趋势导致了乡村的经济困境，涉及以下方面：

首先，年轻人涌入城市。大量年轻人离开农村地区，涌入城市寻找更好的就业和生活机会。这导致农村地区的人口老龄化，削弱了农村的劳动力资源，因为年轻劳动力流失到城市，导致农村地区的劳动力短缺。

其次，农业生产力下降。由于劳动力短缺，农村地区的农业生产力下降。农田可能荒芜，因为没有足够的人手来耕种和管理。这可能导致农产品减产，降低了农民的收入和生计。

最后，社会服务不足。人口减少也导致农村地区面临社会服务不足的问题。学校、医院和其他基础设施可能面临关闭或缩减的风险，因为没有足够的人口来维持这些服务。进而会影响到居民的生活质量和福祉。

（2）资源荒芜

人口减少和农村地区的经济困境导致了资源荒芜问题，这对农业产业构成了威胁：

首先，农田荒芜。由于劳动力短缺和人口减少，农田可能被荒废，无法实现最大的农业生产潜力。这不仅影响了粮食和农产品的供应，还可能导致土地退化和生态环境问题。

其次，农业产业困境。资源荒芜导致农村地区的农业产业面临困境。农民可能陷入经济困境，因为他们无法有效地经营农田，销售农产品或获得适当的支持和市场机会。这可能导致农村地区的贫困率上升。

最后，水资源问题。资源荒芜还可能涉及水资源问题。由于人口减少，农村地区的水资源管理可能变得困难，导致浪费和水资源不均衡问题。

（三）资源分配不均

1. 城市和乡村资源分配的不均衡

城市通常能够获得更多的政府投资和资金支持，而乡村地区的资源和资金相对有限。这一不均衡的资源分配导致了城乡之间的发展差距进一步扩大，制约了城乡协调发展。

（1）城市资源优势与乡村资源限制

城市和乡村资源分配的不均衡是一个严重影响城乡发展的关键问题，主要体现在以下方面：

首先，政府投资偏向城市。城市通常能够获得更多的政府投资和资金支持。政府倾向于在城市基础设施建设、产业发展和提供社会服务方面投入更多资源。城市交通、能源供应、教育和医疗等领域也得到更多的政府关注和资金投入。这种不均衡的资源分配导致了城市基础设施的不断改善，但也使乡村地区的基础设施建设滞后，限制了乡村经济的增长和发展。

其次，发展差距扩大。由于城市资源优势，城市的发展速度明显快于乡村地区。这导致了城乡之间的发展差距进一步扩大，城市的吸引力不断增强，年轻人更愿意迁往城市寻找就业和生活机会，导致乡村地区的人口老龄化问题日益严重。

最后，乡村经济受限。乡村地区的资源限制和基础设施不足使农业、畜牧业和小规模工业等乡村产业发展受到限制。这不仅影响了农村居民的生计，还制约了乡村地区的经济多元化和可持续发展。

（2）城市税收收入与乡村财政压力

城市地区的税收收入相对较高，而乡村地区的财政收入相对较低，反映了城市化过程中的资源流动不平衡问题主要有以下几点：

首先，城市税收来源丰富。城市通常拥有更多的税收来源，包括企业所得税、个人所得税、房产税等。工商业和高薪人员较多，使城市的税收基础更加宽广。所以城市能够依赖税收收入来支持城市化进程和提供更多的公共服务。

其次，乡村财政依赖有限。乡村地区的财政收入主要依赖于土地出让和农业税收。由于土地出让收入的不稳定性和农业收入的季节性，乡村地区的财政收入相对较低。这使得乡村地区难以满足基础设施建设和公共服务的需求，导致了农村地区的发展受到限制。

最后，财政压力影响公共服务。乡村地区的财政压力限制了公共服务的提供。教育、医疗、交通和社会福利等领域的投资相对较少，导致乡村居民面临更低的生活质量和较差的社会服务。这种不平衡的财政资源分配进一步加大了城乡发展差距。

2. 不均衡的资源分配影响城乡协调发展

不均衡的资源分配直接影响了城乡协调发展的实现。

（1）乡村基础设施滞后与农村经济制约

不均衡的资源分配直接影响了城乡协调发展的实现，其中一个主要方面是乡村地区的基础设施滞后，对农村经济的发展构成了严重制约主要体现在以下几个方面：

首先，基础设施不足。乡村地区的道路、水电、通信和交通等基础设施相对不足，与城市相比存在巨大的差距。这导致了农村地区的产业发展受到制约，农产品难以顺利输送到市场，农村企业难以吸引投资和创造就业机会。

其次，城乡经济差距加大。由于基础设施滞后，乡村地区的经济增长远远落后于城市，城乡经济差距逐渐扩大。这不仅影响了农村居民的收入水平，还限制了乡村地区的经济多元化和可持续发展。农村地区的青年人口也更愿意流入城市，寻找更好的就业和生活机会，导致了人才流失问题。

（2）不均衡的财政资源分配与公共服务下降

不均衡的财政资源分配也是影响城乡协调发展的重要因素，主要表现在乡村地区的公共服务水平下降，主要有以下几点：

首先，财政资源不平衡。城市通常拥有更多的税收来源，如企业所得税、个人所得税等，而乡村地区的财政收入主要依赖于土地出让和农业税收。这导致了财政资源在城市和乡村之间的不平衡分配，城市能够更轻松地支持公共服务和基础设施建设。

其次，公共服务下降。乡村地区的财政压力限制了公共服务的提供。教育、医疗、社会保障等领域的投资相对较少，导致乡村居民享受的服务质量远远低于城市居民。这不仅影响了乡村居民的生活质量，还可能导致了人口外流，加剧了城市化的进程。

最后，城乡福利差距扩大。不均衡的公共服务分配导致了城乡福利差距的扩大。城市居民能够享受到更好的教育、医疗和社会保障，而乡村居民则面临着更大的不平等和社会排斥风险。

第七章 城镇化协调耦合性的绿色发展路径

第一节 城镇化协调耦合性的绿色发展路径和模式

一、城市规划与生态保护的整合

（一）规划生态保护区域

城市规划与生态保护的整合是实现城镇化协调耦合性绿色发展的关键步骤。这一过程需要多方面的考虑和行动，以确保城市化不会对生态环境造成严重破坏。以下是一些重要举措和模式。

1. 制订生态规划

针对城市发展，制订综合的生态规划，将生态保护区域明确划定。这些规划应基于科学研究和环境评估，确保城市建设不会破坏重要的生态系统。

首先，进行全面的生态系统评估，以了解城市及其周边地区的生态现状。这包括对土地利用、植被覆盖、水资源、野生动植物种群等进行详尽调查和监测。生态系统可以根据其自然特征和功能进行分类，例如湿地、森林、水体、农田等。

其次，进行生态敏感性分析，确定哪些生态系统对城市建设最为敏感和脆弱。这可以通过采用 GIS 技术和遥感数据来识别生态敏感区域，包括但不限于重要的水源地、湿地、自然保护区、野生动植物迁徙通道等。基于生态敏感性分析的结果，将生态保护区域明确划定。这些区域应被视为城市规划中的“禁区”或“严格控制区”，通过限制城市建设和开发活动，来确保生态系统的完整性和生态功能的维护。在划定这些区域时，应考虑未来城市扩张的可能性，以确保生态保护区域足够大且具有连接性。制定生态规划的同时，必须建立相应的生态保护政策和法规。这些政策和法规应明确规定生态保护区域的范围、限制和管理措施，同时确保规划的执行。政府、环保组织和社区应共同参与制定和执行这些政策，以保障生态保护的可持续性。

最后，建立生态监测与调整机制，定期评估城市发展与生态规划的实施情况。如果发现违规建设或生态系统受到威胁，需要采取相应的纠正措施，并及时修订生态规划。此外，公众参与和透明度也是非常重要的，市民应该能够监督和参与规划和执行过程，确保生态保护的合法性和公正性。

2. 生态红线划定

首先，我们需要明确“生态红线”的概念和背景。生态红线是一种在城市和区域规划中引入的重要环境保护机制，其主要目标是划定生态保护区域，将其明确为不可开发或受到严格限制开发的区域。这是为了确保生态系统的核心功能和生态服务的持续供应，以满足当前和未来世代的需求。

其次，需要明确为什么划定生态红线是必要的。这可以通过生态系统服务评估、环境影响评估和生态风险评估等方法来确定。这些评估可以帮助我们理解生态系统对城市的重要性，包括水源保护、气候调节、生物多样性维护等。为了划定生态红线，需要广泛使用科学数据和技术支持。这包括卫星遥感、GIS 技术、生态学研究、土地利用变更监测等。科学数据可以用来识别生态系统的分布、健康状况和生态敏感性，以便进行合理的划定。

再次，需要制定生态红线划定的标准和指南。这些标准应基于科学依据，包括生态系统健康指标、生物多样性保护需要、水资源保护等。这些标准应该明确划定生态红线的目的、方法和标准，以确保划定的合理性和科学性。在划定生态红线的过程中，社会参与是至关重要的。政府、科研机构和社会团体应该共同参与划定的决策过程，以确保不同利益相关者的声音被听到，并考虑他们的关切。社会参与可以增加决策的透明度、合法性和可接受性。一旦生态红线划定完成，需要制定相应的政策和法规来支持其执行。这些政策和法规应明确规定划定的生态红线区域的管理和使用限制，以及违规建设的处罚和纠正措施。

最后，需要建立监测和调整机制，定期评估生态红线的执行情况。如果发现违规建设或生态系统受到威胁，需要采取相应的纠正措施，并及时修订生态红线。监测和调整机制应该具有透明性和公众参与机会，以确保决策的合法性和公正性。

3. 生态修复与恢复

首先，生态修复与恢复是一项复杂而关键的生态学任务，旨在纠正或减轻自然与人为因素引发的生态系统受损。这一任务的成功不仅可以改善城市周边的生态环境，还可以为生物多样性维护、气候调节和可持续发展提供可观贡献。为了确保生态修复的成功，必须采取多种专业性措施，考虑复杂的生态和生物学因素。

其次，生态修复计划的制订是关键的一步。这一计划需要深入地研究和分析，包括对受损生态系统的现状评估、影响因素的识别以及生态系统恢复的目标设定。例如，如果一片林地受到过度伐木的影响，便需要确定树种组成、土壤性质以及野生动物群体的健康状况。然后制订针对不同树种的植树造林计划，恢复土壤肥力，以及保护和恢复野生动植物的生态环境。这个过程需要生态学家、林业专家、土壤科学家和野生动植物生态学家等多个领域的专业知识的指导。

再次，湿地恢复也是生态修复的重要组成部分。湿地在城市周边生态系统中扮演着至关重要的角色，能够储存水分、净化水质、提供栖息地以及维护水文循环。为了恢复受损的湿地，需要进行湿地生态系统的监测和评估，以了解湿地类型、水质情况、植被健康状

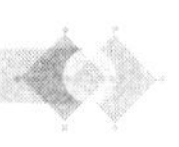

况等因素。然后，可以采取适当的措施，如湿地重建、除草、水质净化，以恢复湿地的自然功能。这需要湿地生态学家、水资源专家和环境工程师的协同合作。

最后，水体净化是另一个至关重要的生态修复领域。城市周边的水体通常受到污染的影响，这可能来自工业排放、农业径流或城市排水系统。为了改善水体质量，需要采用专业技术，如生物滤池、人工湿地和化学处理方法。这需要水质专家、环境科学家和环境工程师的专业知识的指导。

（二）生态敏感性评估

1. 生态敏感性评估

在城市规划中引入生态敏感性评估，以确定城市建设对生态环境的潜在影响。这可以通过使用地理信息系统（GIS）和遥感技术来分析土地覆盖、植被、水体和野生动植物分布等数据，评估城市化对生态系统的威胁程度。

首先，生态敏感性评估的关键是数据获取和分析。需要获取高分辨率的地理数据，包括土地覆盖、植被类型、土壤质地、水体分布、地形和野生动植物分布等信息。这些数据可以通过卫星遥感和野外调查等手段获得。接下来，使用GIS技术将这些数据整合到一个空间数据库中，以便进行分析和建模。这涉及数据清理、图层叠加、栅格分析等复杂的过程。

其次，生态敏感性评估需要制定合适的指标和模型来评估城市建设对生态系统的影响。这包括开发生态敏感性指数，用于量化不同区域的生态脆弱性。指标可以包括土地利用变化率、野生动植物栖息地丧失率、水体污染风险率等。模型可以基于统计分析、机器学习或生态模型来构建，以预测未来的生态环境变化。

再次，生态敏感性评估还需要考虑时间尺度的影响。城市化对生态系统的影响可能是长期的，也可能是季节性的，因此需要考虑不同时间尺度下的数据和模型。此外，不同地理区域的生态系统具有不同的特点，因此需要根据地区特定的条件进行定制化的评估方法。

最后，生态敏感性评估的结果应该成为城市规划和决策的重要依据。这些结果可以用来确定城市发展的最佳方向，选择合适的土地用途规划，以及制定生态保护政策。此外，生态敏感性评估还可以用于公众参与，帮助居民理解城市化对生态环境的潜在影响，从而促进可持续城市发展的实现。

2. 生态保护优先原则

基于生态敏感性评估的结果，将生态保护优先原则纳入城市规划中。这意味着在城市扩张和建设中，优先考虑生态敏感区域的保护，避免对生态环境造成严重破坏。

首先，生态保护优先原则的实施需要多层次地考虑。一是城市规划师需要识别和界定生态敏感区域，这可能包括湿地、森林、野生动植物栖息地、水源保护区等。这一过程需要借助地理信息系统（GIS）和遥感技术的支持，以确保准确空间数据分析。二是一旦生态敏感区域被明确定义，规划师应该制定相应的土地使用政策和法规，以限制在这些区域的开发活动。这可以包括建立临时保护区、禁止破坏性的土地和开发项目，以及推动生态修复和恢复工作。

其次，生态保护优先原则还需要考虑社会和经济因素。城市规划必须寻求平衡生态保护与城市发展之间的关系。这可能涉及在生态敏感区域周边建设可持续的城市基础设施，以减轻开发带来的负面影响。同时，为了确保社会方面的参与和认同，城市规划过程应该包括居民、利益相关者和环保组织的意见和建议。这种多元化参与的方法可以增强生态保护措施的可行性和可接受性。

最后，生态保护优先原则的实施需要一系列监测和评估机制，以确保政策和规定的有效执行。城市规划部门应该与生态学家、环境科学家和生态学专业机构合作，定期监测生态系统的健康状况，评估生态保护措施的成效，并根据需要进行修订和改进。这种迭代的过程可以确保城市规划与生态保护的协调性和可持续性。

3. 生态补偿与再生方案

生态补偿和再生方案在城市规划中扮演着关键的角色，以确保城市发展与生态环境的协调发展。这些方案旨在弥补因城市建设和人类活动而导致地生态系统受损，微生态平衡和为可持续发展提供解决方案。生态补偿和再生的理念是通过采取积极措施来弥补负面生态影响，以确保城市的生态系统不断得以改善和重建。

首先，生态补偿的核心概念是“付费者承担”。这意味着对于破坏生态系统的城市建设项目，开发者或相关利益相关者需要承担相应的责任，并采取措施来补偿生态系统的损失。例如，在湿地被填充用于城市发展时，开发者可以被要求在其他地方进行湿地恢复或创建湿地生态系统。这种方法可以通过法规和政策进行管理和强制执行，确保生态系统的保护和恢复。

其次，生态补偿项目需要精心策划和执行。其一，需要进行详细的生态评估，以确定受损生态系统的类型、程度和价值。其二，需要制订合适地补偿计划，包括选择合适的生态恢复项目、确定项目的位置和规模，以及确保项目的监测和维护。例如，对于湿地恢复项目，可能需要重新建立湿地植被、恢复水体质量、并创建适合野生动植物栖息的条件。这些计划需要牵涉生态学家、环境工程师、生态景观设计师等多个专业领域的专业知识。

再次，生态再生也应该被视为一种机会，不仅仅是一种责任。通过生态再生项目，可以改善城市环境，提供休闲和教育机会，增加绿色空间，改善空气和水质，以及提高生活质量。这些项目还可以创造就业机会，促进经济可持续发展，为城市社区带来更多好处。

最后，生态补偿和再生方案需要不断监测和评估。这是为了确保补偿措施的有效性和可持续性。监测可以涵盖生态系统健康、野生动植物群体状况、水质和土壤质量等多个方面。根据监测结果，可以对项目进行调整和改进，以确保达到预期的生态效益。

二、绿色基础设施的建设与城市发展的协同

（一）可持续城市基础设施

可持续城市基础设施是城市发展和生态保护的协同路径的核心。以下是一些关键策略和模式。

1. 绿色交通系统

绿色交通系统是城市可持续发展的关键要素之一，旨在改善交通效率、减少环境污染，提高居民的生活质量。可持续交通的核心理念是减少对私人汽车的依赖，鼓励更环保、高效的交通方式，并提供便捷的公共交通选择。

首先，发展公共交通是构建绿色交通系统的重要一环。这包括建设高效、现代化的公共交通系统，如地铁、有轨电车、公交车等，以便为居民提供便捷、经济的出行方式。公共交通的发展不仅可以减少私人汽车使用，还可以减少交通拥堵，降低空气污染，提高城市交通的可达性。

其次，鼓励骑行和步行是另一个关键策略。城市可以建立更多的自行车道、人行道和绿道，为居民提供安全和舒适的步行和骑行环境。此外，城市还可以提供共享自行车和电动滑板车等交通工具，以鼓励居民对短途出行方式的优先选择。这不仅有助于降低交通拥堵，还有益于居民的健康和生活质量。

再次，减少私人汽车的使用是实现绿色交通系统的关键目标之一。这可以通过多种政策和措施来实现，如提高燃油税、设立拥堵费、建立低排放区域、鼓励拼车和分享出行方式等。此外，城市可以鼓励电动汽车的采用，以减少尾气排放和减缓气候变化。

最后，建立城市内的绿道和自行车道是改善城市空气质量和减少交通拥堵的有效手段。绿道是指城市内的绿化通道，可以用于行走、骑行和休闲活动。自行车道则提供了安全的自行车通行路线。这些基础设施不仅改善了城市环境，还促进了居民健康的生活方式。通过合理规划和设计，城市可以确保这些绿道和自行车道与其他交通模式相协调，提供更好的城市交通体验。

2. 绿色建筑标准

绿色建筑标准是一项关键的举措，旨在推动建筑业朝着可持续、环保的方向发展。这些标准为建筑行业提供了指导，鼓励采用节能、资源高效和环保的设计和建造方法，以减少对环境的不利影响。绿色建筑标准考虑了建筑材料的选择、节能设备的应用、水资源管理的改进，以及建筑设计的全生命周期等考虑，从而使建筑在能源、水资源和环境方面更加可持续。

首先，绿色建筑标准的核心概念之一是节能。这包括采用高效的绝缘材料、采用可再生能源、改进建筑外壳设计以减少能源浪费，以及使用节能设备和系统，如 LED 照明、高效暖通空调系统和智能节能控制系统。通过这些措施，建筑可以降低能源消耗，减少温室气体排放，降低运营成本，并提高室内舒适度。

其次，建筑材料的选择对绿色建筑至关重要。绿色建筑标准鼓励采用可再生、可回收和环保的建筑材料，减少使用对环境有害的材料，如有毒化学物质和高碳排放材料。此外，标准还强调建筑材料的来源和生产过程，以确保材料的生产不会对生态系统造成不可逆转的损害。这可以通过认证和标签体系来实现，如 LEED 认证。

再次，绿色建筑标准关注水资源管理。这包括采用节水设备、收集和利用雨水、改进灌溉系统等措施，以减少建筑的用水量。此外，标准鼓励采用低流量水龙头、高效冲厕器和灵活的水资源管理系统，以提高水资源的可持续利用。这有助于降低城市对淡水资源的需求，减轻水资源短缺的压力。

最后，绿色建筑标准需要综合考虑建筑的全生命周期。这意味着不仅要考虑建筑的设计和施工阶段，还要考虑建筑的使用和拆除阶段。标准鼓励建筑业采用可持续的运营和维护实践，包括定期维护设备、监测能源和水资源使用、优化建筑的使用方式，以延长建筑的寿命。此外，考虑建筑拆除和再生的方法，以确保废弃建筑物的材料可以再利用或回收，减少资源浪费。

（二）生态基础设施的整合

1. 集成水资源管理

集成水资源管理是一种综合性的水资源管理方法，旨在有效地管理城市水资源，确保供水、排水、废水处理和水质控制等各个方面的协调和可持续性。这一方法考虑了城市的整体水循环，通过综合性的措施来提高水资源的利用效率、改善水质，以及减轻洪涝风险。

首先，雨水收集是集成水资源管理的重要组成部分之一。通过收集和储存雨水，城市可以减轻城市排水系统的压力，降低洪涝风险，提供替代水源用于灌溉和冲洗等非饮用水的需求。这可以通过建立雨水收集系统，如屋顶收集、地面渗透和雨水桶收集等方式来实现。同时，适当处理和净化收集来的雨水，以确保其符合使用标准，减少对地下水和自来水的需求。

其次，废水处理是集成水资源管理中的关键环节。城市废水通常包含有机物和污染物，必须进行处理以确保排放的水质达标。传统的废水处理方法包括化学沉淀、生物处理和物理过滤等方式，但现代技术也包括了高级氧化、膜分离和紫外线消毒等先进方法。此外，集成水资源管理还鼓励采用低能耗和低污染的废水处理技术，以降低环境影响。

再次，水资源再利用是集成水资源管理的关键目标之一。处理后的废水可以被再次利用，例如用于灌溉、工业用水、冲洗和冷却等，以减少对新鲜水资源的需求。水资源再利用需要适当地处理和净化，以确保水质符合再利用标准。这需要采用适当的技术，如高级氧化、反渗透和紫外线消毒灯，以满足再利用水的质量要求。

最后，湿地和人工湖泊的建设是改善城市水质和水量管理的有效手段。湿地具有良好的水质净化功能，可以去除废水中的污染物和营养物质，提高水质。人工湖泊可以用来

储存雨水、平衡水资源，减少洪涝风险，并提供休闲和生态功能。湿地和人工湖泊的规划和设计需要综合考虑生态保护、城市规划和水资源管理的因素，以确保其可持续性和多功能性。

2. 绿色景观规划

绿色景观规划是一项重要的城市规划策略，旨在将自然环境和城市环境融合在一起，为居民提供宜人的生活空间。这一规划方法不仅要注重城市公园、湿地和自然保护区的保留和增强，还要强调城市绿地系统的生态和社会功能，包括提供休闲和娱乐机会、改善空气质量、减轻城市热岛效应、保护野生动植物栖息地等。

首先，城市公园是绿色景观规划的核心组成部分。这些公园不仅是城市居民休闲和锻炼的场所，还是重要的社交和文化中心。绿色景观规划可以通过增加公园的数量、改善绿地的设计和维护，以及提供多样化的景观和娱乐设施，来增强城市公园的吸引力和功能性。此外，城市公园也可以发挥雨水管理的作用，通过湿地和雨水花园等生态设施来减少洪涝风险。

其次，湿地是城市生态系统的重要组成部分，也是绿色景观规划的关键要素之一。湿地具有出色的水质净化功能，能够去除废水中的污染物，提高水质。此外，湿地还提供了独特的野生动植物栖息地，有助于保护城市的生物多样性。绿色景观规划可以通过恢复和维护湿地，以及将湿地纳入城市规划，来改善城市的水资源管理和生态系统稳定性。

再次，自然保护区的整合是绿色景观规划的重要组成部分。城市周边通常存在着珍贵的自然资源和生态资源，需要得到保护和管理，以维护生态平衡。绿色景观规划可以通过将自然保护区纳入城市规划，确保城市的扩张不会对这些区域造成不可逆转的破坏。这可以通过设立生态缓冲带、建立野生动植物通道，以及开展生态修复和保护工作来实现。

最后，绿色景观规划需要跨部门和跨利益相关者的合作。这包括城市规划部门、环境保护组织、社区居民、城市建设者和开发者等各方的参与。合作和协调是确保绿色景观规划成功的关键。通过多方合作，可以实现资源的优化利用、共享经验和知识，以及确保规划的可行性和可持续性。

3. 城市农业

城市农业是一项创新性的城市规划策略，旨在将食物生产环节引入城市环境中，以满足当地居民的食品需求。这一概念强调城市农业的可持续性、环保性和社会经济价值，通过在城市内种植食物和草药来减少对食品运输的依赖，降低碳排放，并创造新的社会和经济机会。

首先，城市农业项目可以采用多种形式，包括城市农场、屋顶农场、垂直农场和社区花园等。城市农场通常是位于城市边缘或郊区的大面积耕地，用于种植农作物和饲养家禽。屋顶农场则是在建筑物的屋顶上种植食物，利用空闲屋顶空间，减少城市的土地占用。垂直农场采用立体种植系统，将植物堆叠在一起，以节省空间并增加产量。社区花园是由社区居民共同经营的小型农田，为居民提供种植和收获食物的机会，促进社交互动和交流。

其次，城市农业的主要目标之一是降低城市食品因运输而产生的碳排放。传统的食品供应链通常涉及长距离的食品运输，消耗大量的能源和产生大量的温室气体排放。通过在城市内种植食物，城市农业可以减少食品的运输距离，减少对化石燃料的依赖，降低环境污染，减缓气候变化。此外，城市农业还有助于减少食品浪费，因为当地生产的食物更容易销售和分发，减少了食品在供应链中的损耗。

再次，城市农业项目提供了新的社会和经济机会。其一，它可以创造就业机会，包括农场工人、园丁、销售人员和食品加工人员等。这有助于提高城市居民的就业率和经济状况。其二，城市农业可以促进社区互动和社交联系，鼓励居民共同参与食物的种植和收获，增进社区凝聚力。此外，城市农业还有教育价值，可以提供农业和环境教育的机会，增强居民的环保意识和农业知识。

最后，城市农业需要跨部门合作和支持，包括城市规划部门、农业部门、环保组织和社区团体等的参与。政府可以通过提供土地、制定支持城市农业的政策和法规，以及提供财政支持来鼓励城市农业的发展。此外，城市农业项目还需要关注食品安全、水资源管理和土壤质量等重要问题，以确保生产的食物安全、健康和可持续性。

第二节　城镇化协调耦合性绿色发展的战略和政策建议

一、可持续城市规划

（一）生态敏感型城市规划

制定城市规划政策，将生态系统保护纳入城市发展的各个阶段。建议创建生态保护区和生态廊道，确保城市内有足够的绿地、湿地和森林，以维护生态平衡。此外，制定高效的土地利用规划，减少土地的浪费和不合理开发。

1. 制定城市规划政策

城市规划是确保城市发展与生态保护相协调的关键。政府可以制定一系列政策，以确保城市的可持续发展。

首先，政府应制定并实施生态敏感型城市规划的法律法规框架。这包括明确的生态系统保护原则和目标，例如保护自然景观、湿地、水资源和野生动植物栖息地。这些法规应当规定城市规划过程中的生态评估程序，确保生态系统的重要性被纳入规划考虑之中。此外，政府还应规定制定城市规划的相关标准和指南，以确保可持续发展的原则被合理地应用于城市规划中。

其次，政府应规定可持续土地利用的标准，以限制过度开发和土地浪费。这包括规定最低土地利用密度、保留绿地比例、限制城市扩张的速度等。政府还可以制定土地利用规

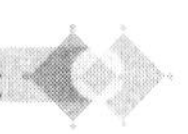

划的时间表，确保城市规划与可持续发展目标相一致。此外，政府可以建立土地利用许可程序，确保土地的合理使用和保护。

为了鼓励开发商和建筑师采用生态友好的设计和建设方法，政府可以提供一系列激励措施。这包括提供税收优惠、奖励符合可持续发展标准的项目，以及提供技术和财政支持，以推动生态敏感型城市规划的实施。政府还可以与私营部门和非政府组织合作，共同推动可持续发展的城市规划实践。

最后，政府应建立监测和评估机制，对城市规划的实施进行定期审查和评估。这可以通过建立生态系统健康指标、监测城市资源利用情况和生态系统状况来实现。监测和评估的结果应该用于修订城市规划政策，以确保其与可持续发展目标的一致性。

通过制定这些政策，政府可以在城市规划中更好地平衡经济发展和生态保护的需求，推动城市朝向更加可持续和生态敏感的方向发展。这不仅有助于保护环境和生态系统，还有助于提供更高质量的城市生活，为未来的城市化提供了更健康、更可持续的模式。

2. 创建生态保护区和生态廊道

创建城市内部的生态保护区和生态廊道是维护生态平衡的重要手段。政府可以划定并保护一些区域，如湿地、森林和水体，作为生态保护区，限制对其的开发和破坏。同时，建立生态廊道，将城市内的绿地和自然景观连接起来，促进野生动植物的迁徙和物种的多样性。

首先，政府应当识别和划定城市内的生态保护区。这些区域通常包括湿地、森林、草原、水体等自然景观，以及野生动植物的栖息地。在这些区域内，政府应当规定严格的开发限制，禁止或严格控制任何可能破坏生态系统的活动，例如土地开发、采矿和工业排放等。同时，政府应当提供足够的监测和执法资源，确保生态保护区的合规性。

其次，政府可以建立生态廊道，将城市内的绿地和自然景观连接起来。这可以通过创建绿色走廊、生态通道、自然公园等方式实现。生态廊道有助于野生动植物的迁徙，维护物种多样性，并改善城市环境。政府可以鼓励城市规划中考虑到生态廊道的布局，确保它们能够无缝地连接自然保护区和城市绿地。

政府还应积极推动社区参与和公众教育，以提高居民对生态保护的认识和支持。可以组织生态考察、环境教育、社区清理等活动，鼓励市民积极参与生态保护工作。同时，政府可以与学校和非政府组织合作，将生态教育纳入教育体系，培养年轻一代的环保意识。

最后，政府应建立定期监测和科研机制，以评估生态保护区和生态廊道的健康状况。这可以包括采集生态数据、监测野生动植物群体的状况，以及评估生态系统的稳定性。监测和科研的结果应用于政策决策和管理措施的调整，以确保生态保护的有效性和持续性。

通过划定生态保护区、建立生态廊道、促进社区参与和开展科研监测，政府可以在城市规划中有效地保护和维护生态系统。这不仅有助于生态平衡的维护，还为城市居民提供了更好的环境质量和更丰富的自然体验。

3. 高效的土地利用规划

高效的土地利用规划可以减少土地浪费和不合理开发，确保城市发展在保护生态系统方面取得良好的平衡。政府可以采用混合用地、垂直建设和城市更新等方法，优化土地利用，提高土地的利用效率。此外，城市规划也应考虑人口增长和城市扩张的趋势，避免城市过度密集化，以减轻资源压力。

（1）混合用地规划

混合用地规划是一种城市土地规划策略，旨在将不同类型的用地结合在一起，以创造更加多样化和可持续的城市环境。

首先，混合用地规划的核心思想是将不同类型的用地（如住宅、商业、办公、文化设施等）相互整合在城市内的同一区域。这意味着在商业区域不仅可以建设商业建筑，还可以允许建设住宅楼或办公楼。类似地，在居住区域附近，可以建设商业设施和文化设施，以满足居民的日常需求。

其次，混合用地规划有助于减少人们的通勤需求。通勤是城市面临的一项重要挑战，因为长途通勤会导致交通拥堵、能源浪费和空气污染。通过将住宅与工作场所、商店和文化设施相结合，人们可以更容易地在城市内满足各种需求，减少通勤的需求。这降低了交通拥堵，减少了碳排放，提高了城市的可持续性。

再次，混合用地规划有助于提高土地的利用效率。在传统的单一用地规划中，不同类型的用地被划分为各自的区域，导致了土地的浪费。相比之下，混合用地规划允许在同一块土地上实现多种功能，最大限度地利用了城市土地资源。

最后，混合用地规划创造了更具社区感和宜居性的城市环境。当不同类型的用地相互结合在一起时，人们更有可能在附近的地方工作、购物和娱乐，这有助于建立更加紧密的社区联系。此外，混合用地规划也为居民提供了更多的便利，因为可以更轻松地满足他们的各种需求，而无须长时间通勤。

（2）垂直建设和城市更新

垂直建设和城市更新是城市规划和发展中的两种关键策略，它们可以显著提高土地的利用效率、减少资源浪费，以及促进城市的可持续性。

首先，垂直建设是一种将城市向上扩展的方法，即在有限的土地面积上建设更高的建筑物。这种建设方式充分利用了垂直空间，使城市能够提供更多的居住和工作空间，而不必扩展到更广阔的土地。这对于那些土地资源有限的城市尤其重要。垂直建设的优点包括：一是，提高土地利用效率。垂直建设允许在相对较小的土地面积上容纳更多的人口和经济活动，从而减少土地的浪费。这有助于保护自然环境，减少土地开发对生态系统的影响。二是，减少通勤需求。更多的居住和工作空间集中在城市中心，减少了人们的通勤距离，降低了交通拥堵和碳排放。这有助于改善空气质量，减少能源消耗。三是，创造城市地标。高楼大厦可以成为城市的标志性建筑，提升城市形象，吸引投资和游客。

其次，城市更新是一种城市发展策略，旨在重新规划和再开发老旧或废弃的土地。这通常涉及对城市内部的特定区域进行重新开发，以提高土地的价值和功能。城市更新项目的优势包括：一是提高城市环境品质。通过更新老旧地区，改善了城市的整体环境品质。

这可以包括改善基础设施、提升社区设施、创造更多的绿地等，提高了城市的宜居性。二是促进社会经济活动。城市更新项目通常吸引了更多的商业、文化和社会经济活动，促进了城市的经济增长。这有助于创造就业机会和提高居民的生活质量。三是减少城市扩张。通过重新利用老旧土地，城市更新可以减少对自然生态系统的侵蚀，并避免进一步扩张到郊区地区。

（3）公共交通和城市边缘控制

公共交通改善和城市边缘控制是重要的城市规划和发展策略，它们有助于减少城市的环境影响、提高居民生活质量，并保护自然资源。

首先，公共交通改善是一项重要的措施，可以减少城市内部的交通问题，并减少对私人汽车的依赖。以下是这一策略的一些关键优势：一是减少交通拥堵。城市内部的高效公共交通系统可以鼓励人们减少私人汽车使用，从而减少了交通拥堵。这有助于节省时间和减轻交通压力，提高了城市居民的生活质量。二是降低碳排放量。公共交通通常比私人汽车更为环保，因为它可以容纳更多的乘客，减少了每人的碳排放量。这有助于城市减少碳足迹，应对气候变化。三是提高社会公平性。公共交通系统可以给人们提供更多的出行选择，包括那些无法拥有私人汽车的人。这有助于社会公平，确保所有人都能访问城市的各种资源和机会。

其次，城市边缘控制是一种战略，旨在防止城市无限制地扩张到郊区地区。这一策略的优点包括：一是保护自然环境。遏制城市的无限增长有助于保护郊区的自然环境、绿地和生态系统。这有助于维护生态平衡、保护野生动植物栖息地，并维护水体的质量。二是维护农田和农业。郊区地区通常是农田和农业用地的所在地。城市边缘控制可以确保这些农业区域得以保留，从而有助于食品供应链的稳定，维护农村经济。三是控制城市发展。限制城市边缘的发展可以使城市规划者更加关注城市内部的可持续性，包括改善基础设施、提高居住质量和减少资源浪费。

（4）人口增长和城市规划

政府应当与城市规划师和社会科学家合作，分析人口增长趋势，并根据预测结果调整城市规划。这有助于避免城市过度密集化和不合理扩张，确保城市的土地利用与人口需求相匹配。此外，政府还可以制定人口政策，引导人口在城市内部的合理分布。

首先，人口增长对城市规划产生深远影响。城市规划者需要认识到人口的持续增长可能导致城市内部的土地和资源紧张。因此，与社会科学家合作进行人口增长趋势的研究和预测至关重要。以下是一些关键方面：一是分析人口趋势。政府和城市规划者可以与社会科学家合作，分析过去几年的人口数据，并利用这些数据来预测未来的人口增长趋势。这可以帮助城市规划者更好地了解人口的分布、年龄结构和迁移模式。二是调整土地利用规划。一旦了解了人口增长趋势，城市规划者可以相应地调整土地利用规划。这可能包括增加住房、改善基础设施、提供更多的教育和医疗资源等。调整规划可以确保城市能够满足不断增长的人口需求，提高居民的生活质量。

其次，城市过度密集化与不合理扩张都会对城市和居民产生负面影响。以下是一些应对这些问题的建议：一是防止城市人口过度密集化。城市人口密度过高可能导致交通拥堵、资源短缺和环境恶化。城市规划者可以通过建设更多的高层建筑、提高土地的多功能性以及改善公共交通系统来缓解过度密集化。二是控制不合理扩张。不受控制的城市扩张可能导致土地浪费和自然环境破坏。政府可以采取城市边缘控制政策，制订土地使用计划，限制城市的无限扩张。

最后，政府可以制定人口政策，引导人口在城市内部的合理分布。以下是一些潜在的人口政策举措：一是分散人口分布。政府可以通过提供住房补贴、税收激励或就业机会等措施来鼓励人们在城市内的不同区域居住，以分散人口分布，减轻城市的密集化压力。二是发展次级城市。政府可以鼓励次级城市的发展，以分流大城市的人口。这可以通过投资基础设施、提供就业机会和提高生活质量来实现。

（二）可持续交通和节能建设

推广可持续的交通方式，如公共交通、自行车和步行，并改善交通基础设施，以减少城市的交通拥堵和空气污染。同时，鼓励节能建设和低碳建筑，以减少城市的碳排放。

1. 可持续交通

可持续交通是指通过采用环保、经济和社会可持续性原则，为人们提供高效、便捷、低碳的交通方式。以下是可持续交通的一些关键方面：

第一，公共交通改善。发展高效的公共交通系统，包括地铁、巴士、有轨电车等，以减少私人汽车使用。这不仅减少了交通拥堵，还降低了空气污染和碳排放。

第二，非机动交通推广。鼓励人们使用自行车、步行等非机动交通方式，建设更多的自行车道和人行道，以改善城市的可访问性和空气质量。

第三，电动交通工具。推广电动汽车和电动自行车的使用，减少传统燃油车辆的排放。同时，建设更多的充电设施，以提高电动交通工具的便捷性。

第四，智能交通管理。利用先进的技术，如智能交通信号灯、交通管理系统等，优化交通流量，减少拥堵，节省时间和能源。

第五，城市规划和土地利用。采用紧凑型城市规划，将工作场所、居住区和商业区更加接近，减少通勤距离，鼓励可持续地土地利用。

第六，共享出行。鼓励共享经济模式，如共享汽车、共享单车和拼车服务，减少车辆拥有率，降低资源消耗。

2. 节能建设

节能建设是指在建筑和基础设施方面采用能源效率和环保原则，以减少能源消耗和碳排放。以下是节能建设的一些关键方面。

（1）建筑能效

建筑能效是节能建设的核心要素之一。采用节能设计和技术可以在建筑的全寿命周期

内降低能源消耗和碳排放。以下是一些建筑能效的关键方面：

第一，高效绝缘材料。使用高效的绝缘材料来隔离建筑内部和外部的温度差异，减少供暖和冷却需求。这可以通过采用绝缘玻璃、隔热墙体材料等方式来实现。

第二，高效采暖和冷却系统。选择高效的采暖、通风和空调系统，以确保建筑内部的舒适温度，同时降低能源消耗。采用地源热泵、空气源热泵等热能回收系统，提高能源利用效率。

第三，LED 照明。替代传统白炽灯和荧光灯，LED 照明系统具有更高的能效和更长的寿命。智能照明系统可以根据自然光线和建筑内部活动来调整照明亮度，进一步降低能源消耗。

（2）可再生能源

整合可再生能源系统是实现节能建设的关键。以下是一些关于可再生能源的应用方式：

第一，太阳能电池板。在建筑屋顶或墙壁上安装太阳能电池板，将太阳光转化为电能，供建筑内部用电。多余的电力可以存储或卖回电网，实现能源的自给自足和可持续发展。

第二，风力发电机。在适宜的地区，可以安装小型风力发电机以捕捉风能。这些发电机可以为建筑提供电力，减少对传统电力网的依赖。

第三，生物质能源。利用可再生生物质资源，如木材、秸秆、城市生活垃圾等，发电或供热。生物质能源不仅减少碳排放，还可以有效地处理有机废物。

（3）智能建筑管理系统

智能建筑管理系统利用传感器、控制系统和数据分析来监测和控制建筑内部环境，以提高能源效率。以下是一些关于智能建筑管理系统的要点：

第一，能源监测和分析。安装能源监测设备，实时监测建筑内部的能源使用情况，并进行数据分析以挖掘节能潜力。

第二，自动化控制。自动化控制系统可以根据实时数据和预设条件来调整采暖、通风、空调、照明等设备的运行，以实现最佳的能源效率。

第三，负荷管理。智能建筑管理系统可以根据建筑内部的负荷需求来优化能源供应，降低能源浪费。

（4）可持续材料

选择可再生、可回收和环保的建筑材料对于降低建筑的碳足迹有着至关重要的作用。以下是一些关于可持续材料的建议：

第一，再生材料。使用再生材料，如再生钢铁、再生混凝土等，以减少对原始资源的需求。

第二，低碳建筑材料。选择低碳建筑材料，例如竹子、麻将、生物质板材等，减少建筑过程中的碳排放。

第三，低 VOC 材料。选择低挥发性有机化合物（VOC）的涂料、胶水和建筑材料，可以提高室内空气质量，减少对环境的污染。

二、生态农业和可持续农村发展

（一）生态农业政策

制定生态农业政策，鼓励农村地区采用有机农业和生态农业实践。提供培训和支持，以帮助农民采用可持续的种植和养殖方法，减少化肥和农药的使用，维护土壤健康，提高农田生态系统的稳定性。

1. 有机农业和生态农业实践

有机农业和生态农业实践是生态农业政策的核心要素之一。以下是一些有关有机农业和生态农业实践的政策建议：

首先，有机认证和标准。政府可以建立有机认证体系和标准，以确保农产品的有机质量和可追溯性。农民可以获得有机认证，以提高其农产品的市场竞争力。

其次，农业生态系统的保护。通过资助生态农业来实践，政府可以鼓励农民采用生态友好的种植和养殖方法，减少对土壤和水资源的污染。此外，政府还可以制定农业生态系统的保护政策，确保农田周围的自然景观和生态环境得以保护。

最后，农业多样性。政府可以鼓励农民种植多种农产品，促进农业多样性。这有助于减少对单一作物的过度依赖，降低农业系统的脆弱性，同时增加农产品的多样性和市场机会。

2. 培训和支持

为了鼓励农民采用生态农业实践，政府可以提供培训和支持。以下是一些建议：

首先，农业培训计划。制订农业培训计划，为农民提供有关有机农业、生态农业和可持续农业实践的培训。这可以包括种植技术、农药和化肥的替代方法、土壤管理和水资源保护等内容。

其次，资金支持。提供财政和资金支持，帮助农民购买有机农业所需的设备和材料，例如有机肥料、农业用具和灌溉系统。政府还可以设立生态农业基金，提供低息贷款或奖励计划等方式，以鼓励采用生态友好的农业实践。

最后，农业科研和技术支持。投资于农业科研和技术支持，以提供最新的农业技术和解决方案。政府可以与农业大学和研究机构合作，开展农业领域的研究项目，并将研究成果传播给农民。

3. 农产品市场推广

政府可以采取措施促进有机农产品和生态农产品的市场推广。以下是一些建议：

第一，市场准入和认证。协助农民将其有机农产品和生态农产品推向市场。政府可以协助农民获得市场准入和认证，以确保产品符合有机标准和质量标准。

第二，市场推广活动。政府可以举办市场推广活动，提高有机农产品和生态农产品的

知名度。这包括参加农业展览、市场营销和在线宣传等活动。

第三，合作社和合作伙伴关系。鼓励农民组建合作社与食品加工企业、餐饮业和零售商建立伙伴关系。这有助于拓展销售渠道，确保有机农产品和生态农产品能够进入更广泛的市场。

第四，价格支持和奖励计划。制订价格支持和奖励计划，确保农民能够获得合理的价格，从而鼓励更多的农户参与到有机农业和生态农业中。

4. 土壤健康和生态系统稳定性

保护土壤健康和维护农田生态系统的稳定性是生态农业政策的关键目标。以下是一些政策建议：

第一，土壤测试和监测系统。政府可以建立土壤测试和监测系统，帮助农民了解土壤的健康状况，并提供建议以改善土壤质量。这可以包括土壤养分测试、酸碱度测试和有机质测试等。

第二，有机肥料和有机物质的使用。鼓励农民使用有机肥料和有机物质，以提高土壤的肥力和水分保持能力。政府可以提供补贴或减免税收，鼓励有机肥料的使用。

第三，水资源管理。制定水资源管理政策，确保农田的灌溉系统高效利用水资源。政府可以提供技术支持，帮助农民实施节水灌溉方法，减少农田的水资源浪费。

第四，生态农田边界保护。设立生态农田边界保护政策，确保农田周边的自然环境和野生动植物得到保护。这可以包括创建野生动植物栖息地、湿地恢复和森林保护等措施。

第五，农业可持续性评估。实施农业可持续性评估，对农业生态系统的健康进行定期评估，并根据评估结果调整政策和措施。

（二）农村基础设施建设

投资于农村地区的基础设施建设，包括农田灌溉系统、农村道路和能源供应。这有助于提高农村地区的生产效率，减少资源浪费。

1. 农田灌溉系统

农田灌溉系统是农村基础设施中至关重要的一部分，对农业生产的可持续性和效率起着关键作用。以下是一些政策和措施，可以促进农田灌溉系统的建设和改善：

首先，灌溉设施的更新和维护。政府可以提供资金支持，鼓励农民更新和维护现有的灌溉设施，确保其正常运行。这包括修复堤坝、管道和水泵等。

其次，高效节水技术。推广高效的节水灌溉技术，如滴灌和喷灌系统，以减少水资源的浪费。政府可以提供培训和补贴，鼓励农民采用这些技术。

再次，基于信息技术的灌溉管理。利用信息技术，开发智能灌溉管理系统，根据土壤水分和气象数据，实现智能化的农田灌溉。这有助于提高灌溉效率，减少其他水源的用水量。

最后，水资源管理和分配。制定水资源管理政策，确保农村地区的水资源公平分配。

这包括建立水权制度和监测水资源的可持续性。

2. 农村道路建设

良好的交通基础设施对于农村地区的发展至关重要，它不仅促进了农产品的运输和市场接入，还提高了生活质量。以下是一些政策和措施，可以促进农村道路建设：

首先，农村道路规划。制定农村道路规划，确定道路建设的重点区域和路线。考虑到地理条件和需求农村社区，确保道路能够连接农村地区与城市的交通枢纽。

其次，道路建设资金支持。提供资金支持，鼓励政府和私营部门投资于农村道路建设。这可以包括国家和地方政府的预算拨款、国际援助和公私合营项目。

再次，道路质量和安全。确保农村道路的质量和安全性，以减少交通事故和维护成本。这包括规范施工和维护工作，并设置交通标志和信号。

最后，社区参与和反馈。鼓励农村社区参与道路规划和建设过程，听取他们的反馈和需求。这有助于确保道路建设符合当地的实际情况和需求。

3. 能源供应

能源供应是农村地区社会经济发展的关键因素之一。以下是一些政策和措施，可以促进农村地区地能源供应：

首先，农村电力普及。制定政策，确保农村地区的电力供应覆盖率不断提高。这包括扩展电力网、提供太阳能和风能发电系统，并提供电力补贴。

其次，生物质能源。鼓励生物质能源的生产和利用，如生物质燃料、沼气和生物质电力。政府可以提供补贴和培训，促进生物质能源的发展。

最后，节能措施。推广能源节能措施，如改进建造、能源管理和节能设备的安装。提供能源审计和咨询服务，帮助农村居民和农业部门减少能源浪费。

（三）市场互动和资源共享

建立城乡之间的资源共享机制和市场互动，可以促进农村地区的可持续发展。城市可以提供市场和销售渠道，支持农产品的流通，从而增加农民的收入。

1. 资源共享机制

资源共享机制是城市和农村之间合作的关键组成部分，有助于促进农村地区的可持续发展。以下是一些资源共享机制的关键方面：

（1）农产品供应链整合

首先，建立农产品采购中心或合作社是关键的一步。这些机构可以作为农产品的集中采购地和销售点，为农民提供销售渠道，并确保产品的质量和可追溯性。

其次，信息技术在供应链整合中发挥着重要作用。数字化平台可以用于市场信息的收集和传播，订单管理，库存控制以及运输跟踪。这些工具可以提高供应链的可见性和效率。

再次，政府支持和政策制定是推动供应链整合的关键因素。政府可以提供资金支持、

法律法规制定和市场监管，以确保供应链整合的顺利进行。此外，政府还可以鼓励农民参与合作社或采购中心，并提供培训和技术援助。

最后，合作是供应链整合成功的关键。农民、合作社、采购中心、物流公司和市场经营者之间的密切合作是确保供应链无缝衔接的关键。合作可以减少信息不对称，降低运营成本，并加强整个供应链的可持续性。

（2）农村劳动力流动

首先，提供培训和技能提升机会是关键。这可以通过设立农村培训中心，提供技能培训课程，帮助农民获得在城市就业市场上竞争的技能。

其次，建立劳动力市场信息系统是至关重要的。这可以帮助农村劳动力了解城市就业市场的需求和机会，使他们能够更加明智地作出迁移决策。

再次，政府政策和支持是推动农村劳动力流动的关键。政府可以提供金融支持、就业服务和社会保障，以降低农民迁移到城市的风险和成本，并确保他们在城市获得合理的待遇和权益。

最后，建立城市和农村之间的互联互通是支持农村劳动力流动的关键。这包括改善交通和基础设施，以便农民能够轻松前往城市工作，并在需要时返回农村。

（3）农村资源开发

首先，城市的投资可以为农村地区提供迫切需要的经济支持。农村地区通常面临资金短缺的问题，限制了其资源开发的潜力。城市的资本可以用于改善农田基础设施，提高农业生产率，例如引入现代农业技术、建设灌溉系统以及购买高质量的种子和肥料。此外，城市投资还可以支持林地管理和保护计划，有助于维护生态平衡和可持续森林资源的利用。

其次，城市可以提供先进的技术支持，促进农村资源的高效开发。现代科技的应用可以改变传统的农业和资源管理方式。城市可以引入智能化农业解决方案，如农业机器人、远程监测系统和大数据分析，以帮助农民提高生产效率。此外，城市还可以协助农村地区建立技术培训中心，培养当地居民的技能，使其能够更好地利用自然资源，从而提高农村地区的竞争力。

再次，城市与农村地区的资源合作有助于提高可持续性。资源开发常常随着环境和生态问题，例如土壤侵蚀、水资源枯竭和森林砍伐。城市可以提供环保技术和知识的支持，帮助农村地区采取可持续的资源管理措施。这包括推动有机农业、水资源保护和森林可持续管理。通过城市的支持，农村地区可以更好地平衡资源开发和环境保护的需求，确保资源的长期可持续性。

最后，城市与农村地区的合作还有助于推动农村地区的经济多元化。过度依赖单一资源的农村地区容易受到市场波动的冲击。城市可以与农村地区共同探索新的经济机会，例如农产品加工、生态旅游和农村工业发展。这有助于提高农村地区的抗风险能力，降低经济的不稳定性。

（4）农村旅游

首先，农村旅游业的发展有助于提高农村地区的收入和经济发展。农村地区通常面临着收入不稳定的问题，依赖传统的农业和自然资源开发。引入旅游业可以为农村社区创造新的经济机会，包括农家乐、乡村旅馆、手工艺品销售等形式。这种多元化的经济模式有助于减轻农村地区的贫困风险，并提高居民的生活水平。

其次，农村旅游业有助于保护自然和文化遗产。许多农村地区拥有独特的自然景观和传统文化，但这些资源常常未受到妥善保护。开发农村旅游业可以为当地财政提供资金，用于自然保护和文化遗产的维护。游客的到来也会增加对这些资源的关注度，有助于提高社会对环境保护和文化传承的意识。

再次，农村旅游业可以促进城市居民对农村文化的交流与理解。现代城市生活往往与农村生活相脱离，城市居民对于农村社区的生活方式和文化了解有限。通过到农村旅游，城市居民有机会亲身体验农村生活，参与农村活动，与当地居民交流。这种交流有助于消除城乡差距，增进城市居民对农村社区的尊重和理解。

最后，为了有效开发农村旅游业，需要采取一系列策略和措施。其一，政府应该提供基础设施和服务支持，如道路建设、电力供应和卫生设施，以确保游客的安全和舒适。其二，制订适当的培训和教育计划可以提高当地居民的服务质量，包括旅游导游、餐饮和住宿服务。此外，营销和宣传策略也至关重要，可以吸引更多游客前往农村地区。

2. 市场互动

市场互动是城市和农村之间经济合作的关键组成部分。以下是一些市场互动的关键方面：

（1）农产品标准和认证

首先，农产品标准和认证制度的制定是确保农产品质量和安全的基础。农产品的质量和安全问题直接影响到人们的健康和生活质量。标准和认证制度可以确保农产品的生产、加工、运输和销售过程中遵守一系列质量和安全标准。这包括对土壤、水源、农药使用、养殖方式、食品添加剂和包装材料等方面的标准。通过明确这些标准，可以最大限度地减少农产品中的污染物和有害物质，确保其符合卫生和质量要求。

其次，农产品标准和认证制度有助于提高农产品的市场竞争力。在市场上，消费者更倾向于购买具有认证标志的农产品，因为这些产品通常被认为更安全、更健康、更可靠。标准和认证制度可以为农产品赋予附加价值，提高其市场价格和需求。这有助于提高农民的收入，鼓励他们更加注重质量和安全，从而改善整个农产品供应链的质量水平。

再次，农产品标准和认证制度有助于推动农业现代化和可持续发展。标准可以促使农民采用更加科学和环保的生产方式，减少资源浪费和环境污染。认证制度可以鼓励农民参与有机农业、可持续农业和生态友好农业等项目，提高农产品的可持续性。此外，标准和认证还可以促进农产品的国际贸易，打开国际市场，增加农产品出口，为农村地区带来更多的经济机会。

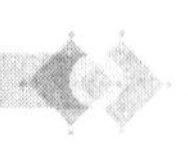

最后，建立和管理农产品标准和认证制度需要综合考虑多个因素。其一，政府需要制定明确的农产品标准，这些标准应该基于科学研究和国际最佳实践。其二，政府或独立的认证机构需要负责进行农产品的认证工作，确保生产者和加工商遵守标准。这需要建立监管机构，确保认证的透明性和公平性。其三，消费者教育和信息传递也至关重要。消费者需要了解认证标志的含义，以便能够作出正确的购买决策。其四，农民和农产品生产者需要得到培训和支持，以便他们能够生产符合标准和获得认证的产品。

（2）农村品牌推广

帮助农村地区建立自己的品牌和特色，以吸引城市居民购买农产品。这可以通过农产品展览和市场宣传来实现。

第一，农产品展览。农产品展览是向消费者展示农产品的良好机会。农村地区可以组织农产品展览，邀请城市居民前来参观并品尝产品。这种活动可以让消费者与农民直接互动，了解产品的生产过程和背后的故事。此外，农产品展览也是了解市场趋势和竞争对手的好机会，有助于调整营销策略。

第二，市场宣传。市场宣传是推广农产品品牌的重要手段。农村地区可以利用多种媒体渠道，如社交媒体、电视、广播和杂志，传播他们的品牌故事。宣传活动应强调农产品的独特性、质量和安全性，并与当地的地域特色和文化传统相结合。此外，建立在线销售平台也可以增加农产品的可及性，吸引更多城市消费者。

第三，合作与伙伴关系。农村地区可以与零售商、餐厅、食品加工企业等建立合作关系，将其农产品引入城市市场。合作伙伴关系可以扩大产品的销售渠道，提高知名度，并帮助农产品进一步巩固市场地位。

第四，品牌建设。农村地区应投资于品牌建设，包括设计专业的标志和包装，制定品牌标准和价值观，确保品牌形象的一致性。一个强大的品牌可以在激烈的竞争市场中脱颖而出，吸引更多消费者。

第五，质量控制。为了维持品牌的信誉，农村地区需要确保农产品的质量和安全。建立质量控制体系，进行定期的检测和认证，确保产品符合相关标准和法规。

（3）农村企业合作

鼓励城市企业与农村企业建立合作关系，共同开发产品和市场。这有助于提高农村企业的竞争力，创造更多的就业机会。

第一，产业链整合。城市企业与农村企业可以合作建立完整的产业链，从农产品的生产、加工、运输到市场销售，实现全产业链协同发展。例如，城市食品加工企业可以与农村农民合作，生产高质量的农产品，并将其加工成成品食品，然后销售给城市市场。

第二，技术转让。城市企业可以向农村企业提供先进的技术和管理经验，帮助提升农村企业的生产水平。这包括农业技术、生产工艺、质量控制等方面的技术转让。同时，农村企业也可以向城市企业提供独特的地域知识和资源。

第三，市场推广。城市企业可以帮助农村企业拓展市场，将他们的产品推向更广阔的市场。这可以通过建立销售网络、品牌宣传、市场调研等方式来实现。同时，城市企业也可以为农村企业提供市场信息，帮助他们更好地满足市场需求。

第四，政策支持。政府可以制定政策措施，鼓励城市企业与农村企业的合作。这包括提供财政支持、税收优惠、培训机会等，以促进合作项目的落地和发展。

第八章　城镇化协调耦合性的生态文明建设

第一节　城镇化协调耦合性与生态文明建设的关系

一、生态城市与城镇化协调一体化发展

（一）城镇化与生态城市的关系

城镇化是现代社会中的重要趋势，随着人口不断流入城市，城市化进程不可避免。然而，城镇化往往伴随资源的过度消耗、环境污染和生态系统破坏等问题，对生态环境带来威胁。因此，生态城市的概念应运而生，旨在实现城镇化与生态保护的协调发展。

1. 城镇化与资源消耗的关系

城镇化是指人口从农村地区迁移到城市地区，随着城市化的推进，城市对资源的需求也急剧增加。城市通常需要大量的能源、水资源和土地来满足居民和工业的需求。这种需求导致了资源地过度消耗，尤其是在高度工业化和都市化的城市中。

与城镇化相对应的是农村地区的资源流失。当农村人口减少时，土地被开发用于城市建设，农田和自然生态系统逐渐减少。这种土地利用变化可能导致生态系统的破坏，包括森林砍伐、湿地消失和生物多样性减少。

2. 城镇化与环境污染的关系

城市通常是工业、交通和商业活动的中心，这些活动产生大量的污染物和废弃物。城市化过程中，大量的废水、废气和固体废弃物排放到环境中，导致空气和水质污染。这种污染不仅危害居民的健康，还对周围的生态环境造成破坏，影响生态系统的平衡。

另外，城市的交通拥堵也会导致尾气排放增量加，加剧了空气污染问题。高密度的交通网络和机动车辆数量的增加对空气质量带来负面影响，城市居民常常面临雾霾和空气污染问题，这也加剧了环境压力。

3. 城镇化与土地使用的关系

城市化导致土地用途的变化，包括城市扩张、工业园区建设和基础设施建设。这些活动通常需要大量土地，导致农田和自然生态系统的减少。这种土地使用变化对生态系统的稳定性产生负面影响，破坏了生物多样性，并可能导致水资源和土壤资源的流失和污染。

另外，城市化还会导致城市内部的土地资源浪费。高度城市化的城市可能存在大面积

的建筑和道路，占用了大量土地资源，而这些土地资源本可以用于农业或自然保护。

（二）生态城市的定义与特征

生态城市是指在城市规划和建设中，充分考虑生态环境因素，追求可持续发展的城市。生态城市的目标是通过有效管理资源、减少污染、提高居民生活质量，实现城市与生态环境的和谐共生。

生态城市具有一系列特征，包括以下几点：

1. 低碳排放

生态城市强调减少碳排放，采用清洁能源是其中的关键。这意味着城市应该依赖可再生能源，如太阳能和风能，以减少对化石燃料的依赖。此外，生态城市鼓励能源效率，通过改进建筑、交通和工业等过程来减少能源浪费。这有助于降低温室气体排放，应对气候变化。

2. 高效能源利用

生态城市通过建筑节能、能源管理和技术创新来实现高效能源利用。建筑是城市能源消耗的主要原因之一，因此应采用节能建筑设计原则，如更好地绝缘、高效采暖和冷却系统，有助于减少能源浪费。此外，城市规划需要考虑到能源分配的高效性，确保电力和热能供应符合城市需求，减少能源浪费。

3. 清洁空气

生态城市致力于改善空气质量，减少空气污染。这可以通过控制工业排放、采用清洁生产技术和改进交通系统来实现。采用绿色植被，如树木和花园，可以吸收空气中的污染物，提供清新空气。减少颗粒物和有害气体的排放对居民的健康和生活质量都有积极影响。

4. 绿色交通

生态城市通过改善交通系统来减少私人汽车使用，从而降低交通排放。这包括推广公共交通、建设自行车道和步行道，以便人们更容易选择环保的出行方式。电动汽车和共享交通工具也是绿色交通的一部分。减少交通拥堵和汽车尾气排放可以改善城市的空气质量，并降低噪声污染。

5. 多样化生态系统

生态城市将生态系统的保护和恢复置于重要位置，以维护生物多样性。城市规划应该包括绿地、湿地、森林和水体的保护和修复。这不仅有助于提供自然景观，还可以提供重要的生态服务，如净化水源、防洪和生态平衡维护。多样化的生态系统也提供了休闲和娱乐的空间，提高了居民的生活质量。

（三）生态城市与城镇化协调的关系

生态城市的建设旨在提高城市与生态环境的协调性，从而实现城镇化协调耦合性的优化。通过引入绿色技术、低碳交通、生态园区等概念，生态城市将城市化与生态环境更好

地融合在一起。这有助于改善城市的生态环境，减轻城市对生态资源的压力，提高城市的可持续性。

生态城市的建设可以通过多种方式与城镇化协调，其中一些关键方面包括以下几点：

1. 低碳交通

随着城市人口的增长和车辆数量的迅速增加，传统的交通方式（如私人汽车）带来了严重的交通拥堵、空气污染和碳排放等问题。因此，生态城市鼓励和支持可持续的交通方式，旨在减少不利影响，提高城市的可持续性。

首先，公共交通是生态城市中的核心因素之一。它通过提供高效的、集中的交通服务，能够降低对个人汽车的使用需求，从而减少道路拥堵和空气污染。生态城市的公共交通系统通常包括地铁、公共汽车、有轨电车等多种形式，以满足不同城市居民的出行需求。这些系统的建设和维护需要大量的投资，但它们为城市带来了可观的社会和环境效益。例如，公共交通可以减少燃油消耗，降低温室气体排放，改善空气质量，并提高城市的居住质量。

其次，自行车和步行作为低碳交通方式，也在生态城市中得到了极大的推广和发展。城市规划通常包括建设自行车道和步行道，以提供安全和便捷的出行方式。这不仅有助于减少碳排放，还可以促进健康的生活方式。自行车和步行的推广还可以降低城市对汽车停车设施的需求，减少城市土地的使用，从而提高城市的土地利用效率。此外，自行车共享和步行街区等概念也在生态城市中得到了广泛的应用，为城市居民提供了更多的出行选择。

最后，低碳交通的实施需要政府、企业和社会的合作。政府可以通过制定政策、提供资金支持和改善交通基础设施来促进可持续交通方式的发展。企业可以参与公共交通系统的运营和发展，同时可以推动电动汽车和绿色交通技术的创新。社会层面的教育和宣传也至关重要，以提高居民对低碳交通的认识和接受度。此外，城市规划和设计需要考虑到行人和自行车的需求，以创造更友好、安全和可达的城市环境。

2. 生态园区

生态园区的规划和设计考虑了自然生态系统的保护和恢复，以及人类活动与自然环境的融合。这使这些园区不仅具有自然景观的美丽，还有助于改善城市居民的生活质量。

首先，生态园区的重要功能之一是保护自然生态系统。随着城市化的不断扩张，许多自然生态系统面临破坏和威胁。生态园区提供了一个独特的机会，可以在城市中保留和恢复这些生态系统。这些园区通常包括湿地、森林、草地和河流等多样的生态景观，它们为各种野生动植物提供了栖息地。通过保护这些自然生态系统，生态园区有助于维护生态平衡、生物多样性和生态系统服务，从而提高城市的可持续性发展。

其次，生态园区促进了生物多样性的保护和恢复。这些园区通常被设计为生物多样性的热点区域，提供了适宜各类植物和动物生存的环境。采用本土植物和野生动物的保护措施，有助于提高当地生态系统的多样性。此外，生态园区还可以用于保护濒危物种，通过建立野生动植物保护区、鸟类保护区等手段，保护和繁育濒危物种，有助于生物多样性的保护。

最后，生态园区不仅是自然保护的场所，还是城市居民休闲活动的理想场所。这些园区提供了绿色空间，供人们进行散步、骑自行车、野餐、户外运动等各种户外活动。这不仅有助于人们的身心健康，还为社区提供了社交和文化交流的机会。生态园区也可以作为教育和研究的场所，帮助人们更深入地了解生态系统、生物多样性和环境保护的重要性。

3. 可持续建筑

生态城市鼓励可持续建筑，因为建筑物在城市中占据着巨大的资源和能源，对城市的可持续性和环境质量产生深远的影响。

首先，可持续建筑强调能源效率。这包括采用高效的建筑材料、隔热材料和节能技术，以减少建筑物的能源需求。能源效率不仅有助于降低建筑物的运营成本，还可以减少碳排放，改善城市的空气质量。例如，采用双层窗户、太阳能电池板和高效空调系统等技术，可以显著提高建筑物的能源性能。

其次，水资源管理是可持续建筑的另一个关键方面。在生态城市中，建筑物需要采取恰当的措施来减少淡水的使用、提高雨水的收集和利用，并减少污水排放。这可以通过采用低流量水龙头、节水器、洗手间、雨水收集系统和废水处理设备等方式来实现。水资源管理有助于保护城市的水资源，减轻城市对水资源的需求，并减少水污染。

再次，废物减少也是可持续建筑的关键目标。可持续建筑倡导减少建筑材料的浪费，最大限度地利用可再生材料，并采用可回收材料。此外，建筑物的设计和施工过程中也应考虑废弃物的管理和再利用。通过减少废弃物的产生，可持续建筑有助于减轻城市的垃圾处理压力，降低资源消耗，促进循环经济的发展。

最后，可持续建筑实践通常涵盖建筑物的全生命周期。这包括从设计和建设阶段到使用和维护阶段，以及最终的拆除和废弃处理阶段。在整个生命周期中，建筑物的可持续性都需要得到关注。例如，在建筑物的设计阶段，应考虑建筑物的灵活性，以便在未来进行改造和适应新的需求。这有助于延长建筑物的使用寿命，减少资源浪费。

4. 社会参与和教育

首先，可持续城市发展需要各利益相关方的参与，包括政府、企业、社会组织和市民。政府需要倾听公众的声音，制定符合市民需求和期望的政策和规划。企业应当积极参与可持续实践，采取环保措施，减少环境污染，同时满足市场需求。社会组织可以发挥监督和倡导的作用，推动政府和企业履行可持续承诺。市民则应积极参与社区项目，支持可持续生活方式。

其次，教育是提高公众对可持续发展的认识和理解的重要方式。教育可以从学校、社区、家庭等多个层面进行，以增强人们对可持续性的意识和知识。学校教育可以将可持续发展的概念纳入课程，培养学生的环保意识和责任感。社区教育可以举办研讨会、工作坊和培训课程，向居民传授可持续生活的技能和知识。在家庭层面，父母可以通过示范和讨

论，教育孩子节约资源和保护环境的重要性。

再次，社会参与和教育可以推动可持续行为和生活方式的采纳。通过参与可持续项目和活动，市民可以亲身体验可持续实践的好处，从而更容易接受和采纳可持续生活方式。社区园艺、垃圾分类、能源节约等社区项目可以促使居民积极参与，并形成可持续的习惯。此外，教育也可以帮助人们了解可持续选择的益处，激发他们采取可持续行动的动力。

最后，社会参与和教育有助于建立可持续发展的文化和价值观。通过社会参与，人们可以形成共同的目标和理念，建立起团结合作的社区。教育可以传递可持续发展的核心价值观，如环保、社会公平和经济繁荣的平衡等。这些价值观可以引导个人和社会采取可持续的决策和行动，从而塑造出更具可持续性的城市文化。

二、生态文明理念在城市规划中的应用

（一）生态保护与修复

城市规划中应考虑生态系统的保护和修复。这包括保留自然湿地、植树绿化、水体恢复等方面。通过生态恢复，城市可以减轻洪涝风险、改善空气质量，并提供休闲和娱乐空间。

1. 生态保护与修复的重要性

首先，生态系统的保护和修复在城市规划中具有不可或缺的重要性。城市化进程通常伴随大规模土地开发和自然环境破坏，导致城市生态系统的退化。因此，保护现存的自然湿地、森林、草地等生态系统至关重要。这些生态系统不仅提供了重要地生态系统服务，如水资源调节、气候调节和生物多样性维护，还对城市居民的生活质量产生积极影响。通过保护这些生态系统，城市可以实现自然与城市的和谐共存，提高城市的可持续性。

其次，生态修复是恢复城市自然环境健康的关键步骤。在城市规划中，对受损生态系统的修复可以通过多种方式实现。例如，对于受污染的水体，可以采取水体生态修复措施，如人工湿地建设和水质净化工程，以提高水质和恢复水生生态系统。另外，绿化城市可以通过植树造林、城市公园和绿道等措施来增加绿色覆盖率，改善城市空气质量、温度和生态多样性。此外，修复城市湿地可以减轻洪涝风险，提高城市的抗洪能力，从而保护城市和居民的安全。

最后，生态保护与修复还有助于提升城市的可持续性。城市可持续发展需要考虑长期生态系统的健康，以及如何满足当前需求但不损害未来代际的需求。生态保护和修复可以降低城市对自然资源的依赖，减少能源和水资源的浪费，降低碳排放和其他环境污染。此外，恢复城市的自然景观还可以提供休闲和娱乐空间，促进居民的身心健康，改善城市居住质量。

2. 城市规划中的生态保护与修复策略

首先，自然湿地的保护。城市规划中应优先保护现有的自然湿地，如沼泽地、湖泊和

河流。这些湿地对于水质净化、洪水调节和野生动植物栖息地的维护至关重要。政府可以采取法规措施，限制湿地开发，并加强湿地保护和恢复工作。

其次，绿化城市空间。城市规划师应将绿化纳入城市规划的核心要素。这包括建设城市公园、社区花园、绿道和绿化屋顶。绿化可以提高城市的空气质量、温度调节能力，同时提供休闲和娱乐场所。

最后，水体恢复。受损的城市水体，如河流、湖泊和池塘，需要经过生态修复以恢复其生态功能。这可以通过生物工程、湿地恢复和水体净化技术来实现。恢复水体不仅有助于提高水质，还可以改善城市景观。

3. 社会参与意识提升

首先，社会参与。城市规划和生态保护与修复需要广泛的社会参与。政府、社会组织和居民应共同合作，制定可持续城市发展的目标和政策。社区参与可以增加项目的可接受性，确保项目满足居民的需求。

其次，教育和宣传。教育是提高公众对生态保护和修复的重要性的关键。学校、社区和媒体可以起到教育和宣传的作用，向市民传递可持续发展的知识和理念。这有助于改变公众的行为和价值观，促进可持续行动。

最后，示范项目。政府可以通过开展生态保护和修复的示范项目来引领可持续发展的方向。这些项目可以展示最佳实践，鼓励其他城市采取类似的措施。示范项目还可以激发居民的兴趣，增强他们的参与意愿。

通过保护现有的生态系统、修复受损的环境、加强社会参与和教育，城市可以实现可持续城市发展的目标，提高城市的环境质量和居民的生活质量。这需要政府、社会组织、企业和市民的共同努力，以建立更加繁荣和可持续的城市未来。

（二）资源循环利用

生态文明理念鼓励城市规划中的资源循环利用，包括废弃物回收、能源回收等。这有助于减少资源浪费，降低环境负担。

1. 资源循环利用在生态文明中的重要性

首先，资源循环利用是生态文明理念的核心要素之一。随着城市化进程的不断推进，城市所需的资源消耗不断增加，导致自然资源的过度开采和环境污染的加剧。为了实现可持续发展，城市规划需要考虑如何最大限度地减少资源浪费，降低对环境的负担。资源循环利用通过将废物转化为资源，延长资源的使用寿命，减少资源需求，有助于实现资源的可持续供应，同时减少环境影响。

其次，废弃物回收是资源循环利用的关键环节之一。城市废弃物包括固体废弃物、有机废弃物、电子废弃物等多种类型，如果不得当处理，将对环境造成严重污染。废弃物回收通过分类、收集和处理废弃物，将可回收材料重新引入生产循环，减少垃圾填埋和焚烧的需求。这不仅有助于减少土地资源的占用，还能节约能源和减少二氧化碳排放。废弃物

回收还创造了就业机会，促进了废物管理产业的发展。

再次，能源回收是另一个关键的资源循环利用领域。传统能源生产和利用通常伴随着大量的能源浪费和环境污染。能源回收利用技术，如废热能回收、生物质能源利用和太阳能光伏系统，可以将废弃能量重新利用，提高能源利用效率。例如，废热能回收可以将工业过程中产生的余热用于供暖或发电，从而减少对传统能源的依赖。这不仅有助于降低能源成本，还减少温室气体排放，改善空气质量。

最后，水资源的循环利用也是生态文明的重要组成部分。城市面临的水资源压力日益加剧，因此水资源管理至关重要。水资源回收和再利用技术，如污水处理和雨水收集系统，可以将废水转化为可用水资源。这有助于满足城市的供水需求，减轻淡水资源的压力，并减少污水排放对环境造成的污染。此外，水资源的循环利用还可以促进城市景观的绿化和水体的恢复，提高城市的生态质量。

2. 资源循环利用的城市规划策略

首先，建立废弃物分类和回收系统。城市规划中应当建立完善的废弃物分类和回收系统，以便市民将可回收物和有害物质与普通垃圾分开投放。政府可以推广回收和循环利用的意识，提供回收设施，并建立回收产业链，将废弃物转化为新的资源。

其次，推广可再生能源利用。城市规划应鼓励可再生能源的广泛应用，包括太阳能、风能、地热能等。政府可以提供激励措施，鼓励市民和企业采用可再生能源技术，减少对传统能源的依赖。

最后，改进水资源管理。城市规划中需要考虑雨水收集、污水处理和水资源回收的设施建设。这些措施可以提高水资源的利用效率，减轻城市的供水压力，并减少水污染。

3. 公众教育和宣传

首先，公众教育。城市规划应包括教育和宣传计划，以提高市民对资源循环利用的认识和理解。学校、社区和媒体可以发挥教育作用，向市民传达资源保护和循环利用的知识。

其次，示范项目。政府可以推动资源循环利用的示范项目，以展示最佳实践和技术创新成果。这些项目可以激发市民的参与意愿，促进可持续行为的采纳。

最后，激励措施。政府可以制定激励措施，奖励市民和企业采取资源循环利用措施。这可以包括减税、奖金或其他经济激励，以鼓励更多的市民参与可持续实践。

三、生态文明与城市可持续发展

生态文明理念的应用有助于城市的可持续发展。通过提高城市的环保性，减少资源浪费，提高生活质量，城市可以实现更长期地发展，不断吸引人才和资本。生态文明也提倡人与自然的和谐共生，鼓励城市居民更加重视环境保护和生态文明建设。

（一）生态文明与城市可持续发展的紧密关系

1. 尊重自然与城市可持续发展

在城市可持续发展中，尊重自然意味着将自然生态系统纳入城市规划和管理的考虑之中。以下是一些关键方面。

（1）将自然生态系统纳入城市规划

城市可持续发展的关键之一是尊重自然，这意味着将自然生态系统纳入城市规划的考虑之中。以下是实现这一目标的关键方法：

首先，保护绿地和自然景观。城市规划应当优先考虑保护绿地、森林、湖泊、河流和其他自然景观。这不仅有助于维护城市的生态平衡，还为市民提供了休闲和娱乐的场所。

其次，智能用地规划。避免在敏感的自然生态系统区域建设大规模基础设施或房地产开发项目。在规划城市用地时，要优先选择已经开发或较不敏感的土地，以减少对自然环境的破坏。

再次，生态通道和连通性。设计城市规划，以确保自然生态系统之间有合适的生态通道和连通性，有助于野生动植物迁徙和繁衍。这有助于维持生态多样性。

最后，防止水污染。确保城市排水系统的设计有助于减少水污染，通过绿色基础设施、植被覆盖和湿地恢复等手段过滤和净化排水。

（2）城市管理中的自然尊重

城市可持续发展还需要在城市管理中积极尊重自然。以下是实现这一目标的方法：

首先，可持续城市交通。鼓励使用公共交通、自行车和步行等可持续交通方式，减少机动车辆排放，改善空气质量，并减少对自然环境的交通冲击。

其次，垃圾管理和资源回收。实施有效的垃圾管理计划，包括垃圾的回收和分类，以减少废弃物对自然环境的污染，并最大限度地回收和再利用资源。

再次，可再生能源和节能。推广可再生能源的使用，减少对化石燃料的依赖，降低碳排放，减缓气候变化对自然环境的影响。同时，鼓励节能措施，减少能源浪费。

最后，自然灾害管理。在城市规划和管理中考虑自然灾害的风险，采取措施来减轻洪水、地震、飓风等自然灾害可能带来的破坏性影响。

2. 保护生态环境与城市可持续发展

保护生态环境是生态文明的核心之一，它与城市可持续发展密切相关。以下是生态环境保护与城市可持续发展之间的关系：

首先，减少污染和废弃物。生态文明倡导减少污染物的排放和废弃物的产生。城市可持续发展需要采用清洁能源、改进工业过程和垃圾处理，以减少对环境的不良影响。

其次，可持续交通。城市可持续发展需要改善交通系统，降低交通排放和拥堵。这可以通过推广公共交通、鼓励自行车出行以及提供电动车充电设施等方式来实现，从而减少空气污染和碳排放。

最后，城市绿化。城市绿化有助于提高空气质量、吸收二氧化碳、改善城市景观，同

时提供了居民的休闲和锻炼场所。城市可持续发展需要大力推进城市绿化项目，增加绿地覆盖率。

3. 提高资源利用效率与城市可持续发展

生态文明强调提高资源利用效率，这与城市可持续发展的目标相契合。以下是资源利用效率与城市可持续发展之间的联系：

首先，提高资源利用效率与城市可持续发展之间存在密切的联系。资源利用效率是城市可持续发展的核心要素之一，涉及资源的合理分配和利用，以确保当前和未来的需求都得到满足。城市作为资源集聚和消耗的中心，资源利用效率的提高对于减少浪费、降低成本、提高生活质量至关重要。

其次，生态文明的理念强调将资源视为有限和宝贵的资产，需要精心管理和维护。在城市背景下，这意味着城市规划者和决策者应当采取措施，以最大限度地减少资源的浪费和消耗。例如，通过优化城市交通系统，减少交通堵塞和燃油消耗，不仅可以降低碳排放，还可以减少石油等资源的使用。此外，城市规划中的绿色建筑和节能措施也有助于减少能源的浪费，提高能源利用效率。

再次，提高资源利用效率还可以促进城市的经济增长。通过采用更加高效的生产方式和资源管理方法，企业可以降低生产成本，提高竞争力。此外，资源效率的提高还可以促进创新，鼓励企业寻找更加环保的生产方式和产品设计。这种创新潜力有助于城市产业的升级和可持续发展。

最后，生态文明的理念还强调了资源的跨代传承。城市资源的持续消耗和浪费不仅对当代居民造成影响，还会对未来的城市居民和后代产生负面影响。因此，提高资源利用效率是一项道义和传承的任务，有助于为未来的城市可持续发展创造更有利的条件。

（二）生态文明对城市可持续发展的影响

1. 生态文明提高了城市的生态环境质量

首先，生态文明的核心理念之一是保护和恢复生态系统。在城市背景下，这意味着采取措施来保护城市周边的自然生态环境，包括湿地、森林、河流和野生动植物栖息地。通过保护这些生态系统，城市可以减少生态环境的破坏，维护生态平衡，从而改善城市的环境质量。例如，湿地的保护可以过滤水质，减少洪水风险，同时提供了重要的休闲和观赏价值。

其次，生态文明强调减少污染物排放。城市通常是工业、交通和能源消耗的中心，容易产生大量的空气和水污染物。通过采用清洁能源、改善工业排放控制和推动交通尾气减排，城市可以显著减少污染物排放，改善空气和水质量。这不仅有助于居民的健康，还提高了城市的吸引力，吸引更多的人才、企业和投资。

再次，生态文明的理念也包括减少噪声污染。城市通常伴随着交通、建筑施工和工业活动的噪声，对居民的生活质量造成负面影响。通过规划和管理城市的声音环境，采取隔音措施和限制噪声污染源，城市可以创造更宁静的生活环境，改善人们的生活质量。

最后，生态文明的理念鼓励城市提供更多的绿色空间和自然景观。城市公园、绿化带、植被覆盖建筑等都有助于提供休闲、娱乐和锻炼的场所，同时改善了城市的空气质量。这些绿色空间不仅增加了城市的吸引力，还有助于提升居民的心理健康和幸福感。

2. 生态文明促进了城市创新和绿色产业的发展

首先，生态文明的核心理念之一是鼓励城市采用清洁技术和绿色创新。这推动了城市成为创新中心，吸引了科研机构和高科技企业的入驻。城市通常集聚了大量的研究人员、工程师和创新者，他们致力于开发环保技术和解决方案，以满足城市面临的环境和资源挑战。例如，城市可以推动可再生能源技术的研究和应用，包括太阳能和风能，以减少对传统化石燃料的依赖。

其次，生态文明鼓励城市支持绿色产业的兴起。这包括清洁能源产业、环保技术、废物管理、可持续建筑和可再生资源等领域。城市政府可以通过提供税收激励、研发资金、创新孵化器等方式来支持绿色产业的发展。这不仅创造了就业机会，还推动了城市的经济多样化，降低了对传统高污染产业的依赖。例如，城市可以建立清洁技术园区，吸引了清洁技术企业的发展和投资。

再次，生态文明的理念有助于城市提高经济竞争力。在全球范围内，绿色产业已经成为一个新的经济增长点。城市通过引领绿色产业的发展，不仅为自身创造了经济机会，还在国际市场上提高竞争力。城市吸引了国内外投资，形成了绿色产业链，促进了相关领域的技术创新和人才培养。这使城市能够在全球经济中脱颖而出，提高了城市的经济地位。

最后，生态文明的实践鼓励城市与科研机构和高校建立紧密合作关系。这种合作有助于将科研成果转化为实际的绿色技术和产品，推动了创新的商业化。城市成为科研创新和产业应用的桥梁，促进了绿色产业的快速发展。同时，这种合作也有助于培养人才，提高城市的创新能力。

3. 生态文明强调人与自然的和谐共生

首先，生态文明的核心理念之一是人与自然的和谐共生。在城市规划中，这一理念体现在对自然环境的尊重和保护上。城市可以通过设立绿化带、生态园区和自然保护区来保护自然生态系统，维护生态平衡。例如，在城市规划中保留并修复湿地、森林和水体，有助于改善城市的空气质量、水质质量和生态多样性。

其次，生态文明的理念渗透到城市居民的生活方式和价值观中。居民更加注重环境保护，采取一系列可持续的生活方式。这包括节能减排、垃圾分类、绿色出行、有机农产品的消费等。居民通过自身的行为实践生态文明的核心价值，积极参与到城市可持续发展的过程中。例如，居民选择使用公共交通工具、共享出行方式，减少了私人汽车使用，有助于降低交通拥堵和空气污染。

再次，生态文明的实践有助于形成积极的生态文化。这种文化鼓励人们尊重自然、珍惜资源、关心环境，成为城市可持续发展的坚实基础。城市可以通过开展环保教育和宣传

活动，增强居民的环保意识，促进可持续生活方式的传播和推广。例如，城市可以组织环保志愿者活动、举办环保讲座，引导居民参与生态文明的建设。

最后，生态文明的实践有助于城市形成可持续的社会体系。这包括社会价值观的变革，使环保和可持续发展成为社会共识。城市居民逐渐认识到自身的行为对环境和社会的影响，从而更加注重可持续性。这有助于推动城市政策的制定，鼓励可持续的城市规划和资源管理。例如，城市可以推出环保奖励政策，激励居民采取环保行动，促进可持续发展的实践。

（三）城市可持续发展与生态文明的协同推进

1. 政府扮演着重要角色

首先，政府在城市可持续发展与生态文明的协同推进中扮演着至关重要的角色。政府具有制定政策和法规的权力，可通过政策工具来引导和规范城市的发展方向。例如，政府可以制定环保政策，规定排放标准，鼓励绿色技术的应用，以降低污染物排放和资源消耗。政府还可以设立环保奖励机制，激励企业采取环保措施，推动城市的可持续发展。此外，政府还应加强城市规划，确保生态保护区和绿地的设立，维护城市生态平衡。

其次，政府在资源管理方面具有监管和协调职能。政府可以推动资源的合理分配和利用，避免资源浪费和不合理开发。例如，在土地利用规划中，政府可以引导土地的高效利用，鼓励混合用地和垂直建设，减少土地浪费。政府还可以管理水资源，确保水源的可持续供应，减少水污染。政府应制定可持续能源政策，鼓励可再生能源的开发和利用，减少对化石燃料的依赖，降低碳排放。

最后，政府在城市发展中需考虑社会公平与社会服务。城市可持续发展不仅要追求经济效益和环境保护，还需更加关注社会公平和社会服务的提供。政府应制定政策，确保城市资源和服务的公平分配，减少社会不平等。例如，政府可以建设公共绿地和文化设施，提高社区服务水平，改善居民生活质量。政府还应关注弱势群体的权益，确保他们能够分享城市可持续发展的成果。

2. 企业也有责任

首先，企业在城市可持续发展中发挥着关键作用。作为城市经济的主要推动力量，企业应积极采纳生态文明理念，实施绿色生产和供应链管理。这包括减少能源和水资源的消耗，降低废物排放，采用环保材料，以降低生产对环境的负面影响。企业还应投资环保技术研发，推动绿色技术的创新，提供更加环保的产品和服务。例如，制造业可以采用清洁生产技术，减少污染物排放；零售业可以推广环保包装和可持续采购实践。

其次，企业应关注社会责任。企业应积极参与社会公益项目，支持社区发展，回馈社会。这包括企业捐赠，员工志愿活动，以及与非政府组织合作，推动社会问题的解决。企业的社会责任实践不仅有助于改善城市社会环境，还有助于提升企业的声誉和品牌形象。例如，一些大型企业设立了环保基金，用于支持环境保护项目；一些企业通过员工志愿者团队参与社区服务，积极参与社区建设。

3. 居民参与至关重要

首先，城市可持续发展需要市民的参与和支持。居民是城市的最终受益者，他们的行为和选择对城市的环境与可持续性产生直接影响。因此，市民应积极参与可持续实践。例如，居民可以采取节能措施，减少能源消耗；可以参与垃圾分类和废弃物回收，有助于减少废弃物的数量；可以支持可再生能源的使用，有助于减少碳排放。

其次，政府和社会组织可以开展公众教育和宣传活动，增强市民的环保意识。公众教育可以通过学校、社区活动、媒体等多种途径进行。例如，政府可以组织环保讲座，向市民介绍可持续生活方式；社会组织可以开展环保宣传活动，鼓励市民积极参与环保行动。这种宣传可以通过社交媒体、绿色活动、环保展览等方式传播环保理念，激发市民的环保意识。

最后，市民可以通过参与社区组织和环保团体来推动可持续实践。加入环保团体或志愿者组织，参与环保活动和项目，可以增强市民的环保参与感。市民可以一起倡导政府采取更多的环保政策，推动城市的可持续发展。例如，居民可以组织植树活动、垃圾清理行动，或者参与环保运动，提高环保议题的关注度。

第二节　城镇化协调耦合性生态文明建设的具体措施和路径

一、生态恢复项目的开展

（一）湿地保护与恢复

政府应识别和保护城市周边的湿地区域，通过湿地恢复项目，修复受损湿地，以改善城市水质和水源保护。

1. 湿地的重要性与价值

第一，湿地的生态价值。湿地是地球上生态系统中至关重要的一部分，拥有丰富的生态价值。

首先，湿地是生物多样性的宝库。它们提供了栖息地，为各种野生动植物提供了安全的栖息地。许多珍稀濒危物种，如鱼类、湿地植物和两栖动物，依赖湿地生存。湿地还是迁徙鸟类的关键停歇点，为它们提供食物和休息。

其次，湿地在水资源管理中起到了关键作用。它们是自然过滤系统，可以净化水质，防止洪水，稳定水流，维护水源。湿地可以吸收并储存大量的水分，有助于维持地下水位和供水。政府应该认识到湿地在水资源保护方面的价值，采取措施保护和恢复湿地以维护城市的水质和水源。

第二，湿地的经济价值。湿地不仅在生态方面有价值，还在经济方面发挥着重要作用。

首先，湿地支持渔业和农业。它们提供了丰富的渔业资源，同时为农业提供水源和灌溉。保护湿地可以维护渔业和农业的可持续性发展，促进食品生产。

其次，湿地也是旅游业的重要资源。人们喜欢进入湿地，进行观鸟、钓鱼、划船等活动。湿地旅游业创造了就业机会，促进了当地经济的发展。政府可以通过湿地保护和恢复来促进旅游业的发展，增加地方收入。

第三，湿地的气候调节作用。湿地在气候调节方面也扮演着重要角色。它们吸收了大量的二氧化碳，有助于缓解气候变化。湿地可以减少洪水风险，通过释放储存的水分来缓解干旱。因此，保护和恢复湿地对于应对气候变化有着至关重要的作用。

2. 政府的角色与责任

第一，政府应该采取积极的措施来保护和恢复湿地。

制定湿地保护政策和法规是至关重要的。这些政策应明确湿地的重要性，规定湿地的保护标准和管理措施。政府可以鼓励地方政府和社区采取湿地保护措施，同时建立监督机制来确保政策的执行。

第二，政府应该投资湿地恢复项目，修复受损的湿地生态系统。这些项目可以包括湿地的水源补给、水生植物的恢复、野生动物栖息地的改善等。政府可以与专业的生态学家和环境科学家合作，制订有效的恢复计划，并提供必要的资金支持。

第三，政府还应该进行湿地保护和价值的教育与宣传。公众需要了解湿地的重要性以及它们对生态、经济和气候的影响。政府可以开展宣传活动、教育课程和社区参与项目，以增强公众的意识，并鼓励他们参与湿地保护工作。

3. 湿地保护与城市发展的融合

第一，政府在城市规划中应考虑湿地保护。城市规划应确保湿地区域的保护，并将其纳入城市的发展规划。这包括限制建设在湿地区域，采取措施减少城市的污染，以保护周边湿地的生态系统。

第二，政府可以将湿地视为城市的生态基础设施的一部分。湿地可以用于雨水收集、水质改善和洪水防治。政府可以投资建设湿地处理系统，将湿地与城市的水资源管理相结合，以提高城市的水质和可持续性。

第三，政府应鼓励社区参与湿地保护和恢复。社区可以成为湿地保护的重要力量，他们可以提供志愿者、资源和支持。政府可以与社区合作，共同制订湿地保护计划，并确保社区的声音被听取。

（二）林地恢复与绿化

积极进行树木种植，建设城市绿地和森林公园，提高城市覆盖率，净化空气，增加城市绿意。

1. 林地恢复与城市绿化的重要性

（1）城市绿化的生态价值

首先，城市绿化在生态价值方面扮演着至关重要的角色。这一点不仅体现在城市环境美化上，更体现在城市生态系统的维护和改善上。城市绿地、公园和森林等绿化区域是城市内的生态热点，为城市居民和野生动植物提供了丰富的生态服务。

其次，城市绿化通过吸收二氧化碳对城市空气质量和大气污染物的净化产生着积极作用。树木和其他植被通过光合作用吸收二氧化碳，将其转化为氧气，有助于减缓全球气候变化。此外，植被还可以吸附空气中的污染物，如颗粒物和有害气体，净化空气质量，降低呼吸道疾病的风险。

再次，城市绿地和森林公园为野生动植物提供了宝贵的栖息地。在城市化进程中，野生动植物常常失去栖息地，但城市绿化区域为它们提供了庇护之所。鸟类、昆虫、小型哺乳动物等野生生物在这些绿化区域中找到了食物和安全的栖息地，有助于维护城市内的生物多样性。这对于维持生态平衡以及保护野生动植物种群至关重要。

最后，城市绿化不仅在城市内部起到生态平衡的维护者作用，还对城市周边的环境产生积极影响。绿化区域有助于稳定土壤，减少土壤侵蚀和水源污染。树木的根系可以固定土壤，防止滑坡和泥石流的发生。此外，城市绿地还可以吸收雨水，减少洪水风险，改善城市的水资源管理。

（2）城市绿化的健康益处

首先，城市绿化在居民的心理健康方面发挥了重要作用。研究表明，人们与自然环境和绿色空间接触可以显著减轻压力和焦虑，提高情绪稳定性。大自然的美丽和宁静可以帮助人们放松身心，缓解日常生活中的紧张和压力。城市绿地、公园和花园为城市居民提供了远离喧嚣的机会，让他们可以暂时摆脱城市生活的压力，享受大自然的宁静和美丽。

其次，城市绿化为居民提供了休闲和锻炼的场所，有助于维持健康的生活方式。城市绿地和公园不仅是人们休息的好去处，还是进行户外体育活动和锻炼的理想场所。散步、慢跑、骑自行车和瑜伽等活动都可以在这些绿化区域中进行，促进身体健康。同时，这些活动也有助于改善心血管健康、增强肌肉和骨骼、减轻肥胖问题、降低慢性疾病的风险。

再次，城市绿化有助于改善居民的社交生活。公园和绿地通常是人们聚会和社交的场所。居民可以在这些地方与家人和朋友一起度过宝贵的时光，增进人际关系。此外，社区园艺项目和户外活动也鼓励了社区的互动和合作，促进了社会凝聚力和社交联系。

最后，城市绿化降低了城市热岛效应的影响，使城市更加宜居。城市热岛效应是由城市中大量的建筑物、道路和混凝土所产生的高温现象。城市绿化通过提供树荫和蒸发冷却效应，降低了城市的气温，改善了城市的气候。这不仅使城市居民更容易承受高温天气，还减少了热应激相关疾病的发生率，如中暑和心脏病。

（3）城市绿化的社会经济价值

首先，城市化在经济方面创造了重要的就业机会。绿化项目涉及树木的种植、养护、

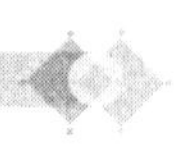

景观设计、园林维护等多个领域，这些工作为城市居民提供了就业机会。从树木育苗到园林师的职位，城市绿化产业涵盖了广泛的专业领域，为城市内的许多人提供了稳定的工作机会。这不仅有助于降低城市的失业率，还提高了居民的生活质量。

其次，城市绿地和森林公园成为旅游和休闲的热门目的地，吸引了游客，增加了地方的收入。城市绿地提供了一个远离城市喧嚣的休息场所，吸引了游客前来享受大自然的宁静和美丽。这些地方通常举办各种活动，如户外音乐会、文化节庆和自然教育活动，为城市的旅游业注入了活力。游客的到来不仅刺激了餐饮、住宿和零售业的发展，还为当地居民提供了就业机会，增加了地方税收收入。

再次，城市绿化对房地产市场产生积极影响，提高了房产价值。研究表明，靠近绿化区域的房产通常比其他地区更有吸引力，更受买家欢迎。绿化景观和树木覆盖可以增加房屋的美观度和宜居性，因此，这些房产通常会以更高的价格出售。这对房地产市场的稳定和发展起到了促进作用，同时为地方政府带来了更多的不动产税收收入。

最后，城市绿化有助于提高城市的整体经济竞争力。具有丰富绿化的城市通常更有吸引力，能够吸引人才和投资。这些城市提供了更宜居的生活环境，有助于吸引高素质的劳动力。此外，城市绿化还为创业者提供了商机，例如绿色旅游、户外休闲服务和生态友好产品的市场。因此，城市绿化不仅为城市居民提供了更好的生活质量，还为城市的可持续发展和繁荣作出了贡献。

2. 城市绿化与可持续城市发展的融合

（1）气候适应和风险减缓

首先，城市绿化有助于减少洪水风险。城市绿地和公园可以充当自然的雨水收集器，吸收和储存大量雨水，减缓雨水径流，降低洪水发生的可能性。这有助于保护城市的下游地区免受洪水的影响。此外，湿地生态系统也在防止洪水方面发挥着关键作用，政府可以通过湿地恢复项目来增强城市的洪水管理能力。

其次，城市绿化提供了遮阴和降温的效应，有助于减轻高温天气的影响。城市热岛效应是由城市建筑物、道路和混凝土等导致的城市区域相对较高的温度现象。树木和绿地可以降低周围环境的温度，为城市居民提供凉爽的避暑胜地。这对于保护居民免受高温引发的热应激、中暑和心血管疾病等健康问题的威胁起着至关重要的作用。

再次，城市绿化有助于改善空气质量。城市内的树木和植被通过吸收空气中的有害气体和颗粒物，净化大气，降低了空气污染的程度。这对于减轻呼吸道疾病和降低其他健康问题的风险起着至关重要的作用，特别是在城市污染严重的地区。

最后，城市绿化可以提高城市的生态韧性。生态韧性指的是城市生态系统对外部冲击和压力的适应能力。通过增加城市绿化，引入更多的植物物种和生态系统多样性，城市可以更好地应对气候变化带来的不确定性。这有助于维护城市内的生物多样性，保护野生动植物栖息地，并促进生态系统的健康。

（2）社区参与合作

政府应鼓励社区参与城市绿化项目。社区可以提供有关树木种植位置、绿地需求和环境问题的反馈。政府可以与社区合作，共同制订城市绿化计划，并确保社区的需求得到满足。

首先，社区参与城市绿化项目是促进可持续城市发展的关键一环。社区居民是城市的直接受益者，因此，他们的参与和反馈至关重要。社区可以提供关于树木种植位置的有价值的见解，因为他们更了解当地地理和环境特点。这有助于确保绿化项目更加符合实际需要，更好地满足居民的期望。

其次，社区参与城市绿化项目有助于增强公众意识和参与度。通过与社区互动，政府可以传达城市绿化地重要性，并教育居民有关环境保护和可持续发展的知识。这种教育不仅提高了居民对绿化项目的支持力度，还激发了他们参与环境保护的兴趣。此外，社区参与可以增加居民的环境责任感，鼓励他们更积极地参与废弃物回收、节水和能源节约等可持续实践。

再次，社区参与城市绿化项目有助于改善社区凝聚力和合作精神。参与绿化项目的过程可以促进社区居民之间的互动和合作。人们一起参与植树、园艺、清理垃圾等活动，建立了社交联系，并强化了社区的凝聚力。这些活动也有助于培养社区成员的团队合作技能，促进了社区的和谐发展。

最后，社区参与有助于增强城市绿化项目的可持续性。社区居民通常更有动力和兴趣来维护他们自己参与建设的绿化项目。这包括定期浇水、修剪树木、清理垃圾等工作。因此，社区参与可以确保绿化项目的长期维护和管理，防止它们陷入荒废或损坏的状态。

二、城市规划的生态考量

将城市内地生态保护区划定为禁止开发区域，保护珍贵的生态系统。为了确保生态保护区的有效管理，城市规划需要建立法律和政策框架来支持这些区域的保护。这包括制定土地使用法规、生态保护法和规章，以明确保护区的边界、管理要求和限制。政府机构需要与相关利益相关者合作，确保这些法规得到执行。

（一）保护区的法律和政策支持

1. 法律框架的建立

在城市规划中，确保生态保护区的有效管理是维护生态系统和生物多样性的至关重要的一环。因此，需要建立坚实的法律框架来支持这些区域的保护。这一法律框架涵盖了多个方面，包括土地使用法、生态保护法、环境影响评估法以及相关的法律和规章。

2. 法律框架的建立和重要性

第一，制定土地使用法规。城市规划中的生态保护区需要明确的土地使用法规，以限制对这些区域的开发和改变。这些法规可以规定禁止建设、开采、砍伐、填充和其他破坏性活动，以确保保护区的完整性。

第二，生态保护法和规章。生态保护法和规章是确保生态保护区得到妥善管理和保护

的关键工具。它们可以规定关于生态系统和物种的保护、保护区的管理要求、生态修复和监测等方面的规定。

第三，环境影响评估法。在城市规划中，进行全面的环境影响评估是不可或缺的。这种法律要求规划者和开发者在计划和项目实施之前进行详尽的环境影响评估，以确定潜在的环境影响，并提出减轻措施。这有助于防止对生态保护区的不适当开发。

第四，相关法律和法规。除专门的生态保护法外，还需要考虑与生态保护相关的其他法律和法规，如水资源管理法、森林法、土地使用计划法等。这些法律可以为生态保护提供更多的法律支持和指导。

法律框架的建立对于生态保护区的有效管理至关重要。它确保了保护区的边界明确，管理要求明确，并为保护区提供了法律依据。此外，法律框架还有助于保护区的长期稳定性，防止不合法开发和滥用。同时，法律框架也为政府机构、社区和利益相关者提供了明确的指导，以确保这些区域得到妥善管理和保护。

3. 政府与利益相关者的合作

法律和政策支持生态保护区的有效管理，但需要政府与各种利益相关者之间的合作来实施这些法规。

第一，制定和修订法律。政府应积极与法律制定机构、环保组织和学术界合作，以制定和修订与生态保护相关的法律和法规。这种合作可以确保法律的科学基础和实际可行性，并充分考虑各方的利益和关切。

第二，监督与执法。政府部门需要积极监督生态保护区的情况，确保法规得到遵守。这包括巡查、检查和审查生态保护区的状态，以及对不合法活动采取行动。政府应鼓励公众参与监督和报告不法行为。

第三，社区参与。政府应与当地社区合作，以确保他们的声音被充分听取，并参与生态保护区的管理决策。社区居民通常更了解这些区域的情况，因此，他们的反馈和建议非常有价值。

第四，教育和宣传。政府可以与教育机构、媒体和环保组织合作，进行公众教育和宣传，以提高人们对生态保护的认识和支持。教育活动可以帮助公众了解生态系统的重要性，并鼓励他们采取行动来保护这些区域。

（二）监测和管理

生态保护区的有效管理需要定期地监测和评估。这包括监测生物多样性、生境完整性、水质和污染情况等因素。这些数据可用于评估生态系统的健康状况，并确定是否需要采取额外的保护措施。此外，保护区的管理需要考虑到访客数量、生态旅游活动和植被管理等方面的问题。

1. 监测和管理生态保护区

（1）监测生态保护区的必要性

监测生态保护区是确保这些区域的有效管理和保护的关键步骤。这种监测旨在收集关于生态系统健康状况的数据，包括物种多样性、生境完整性、水质和污染情况等因素。

（2）监测生态系统健康状况

第一，物种多样性。监测物种多样性是评估生态保护区健康的重要指标。这包括记录不同物种的存在和数量，以及追踪濒危和珍稀物种的状况。物种多样性的减少可能表明生态系统受到威胁。

第二，生境完整性。生境完整性是指生态系统的结构和功能是否受到破坏。监测生境完整性可以帮助识别生态系统中的问题，例如生境碎片化、栖息地丧失或破坏性的人类活动。

第三，水质和污染情况。水质和污染监测是重要的，特别是对于湿地和水体生态系统。它们可以检测水体中的污染物含量，如化学物质、重金属和有机物质，以及评估其对生态系统的影响。

（3）监测数据的用途

监测数据在生态保护区管理中具有多种用途。

首先，它们用于评估生态系统的健康状况。通过比较不同时间点的数据，管理者可以识别潜在的问题并及时采取措施。

其次，监测数据用于决策制定。政府和管理机构可以根据数据制定管理计划和政策，以确保生态保护区的保护。

2. 管理考虑因素

首先，访客管理。生态保护区通常是吸引游客和自然爱好者的场所。因此，管理者需要考虑如何管理和控制访客数量，以避免对生态系统造成不适当的压力。这可能涉及限制人口数量、规定访客行为准则和开展教育活动，以增强游客对生态保护的意识。

其次，生态旅游活动。一些生态保护区可能开展生态旅游活动，如导览、生态步道和野生动植物观察。管理者需要确保这些活动不会对生态系统造成负面影响。这包括选择合适的活动地点、控制游客行为、避免扰乱野生动植物、减少噪声和废弃物等。

最后，植被管理。管理生态保护区的植被对于维护生态系统的健康至关重要。植被管理可能包括采取措施来控制入侵物种、促进自然恢复、定期修剪和清理垃圾。管理者需要谨慎平衡维护和保护的需求，以确保植被管理不会对生态系统造成负面影响。

通过持续监测生态系统的健康状况，并采取适当的管理措施，可以确保这些区域继续发挥其生态功能，同时允许公众与大自然亲近和享受其价值。管理者需要综合考虑多个因素，以实现保护和可持续管理的目标，从而保护和维护这些珍贵的生态宝库。

三、生态教育与市民环保意识的培养

（一）教育体系的改革

在面对当今日益严重的环境问题和生态危机时，教育体系也需要不断改革，以培养具备环保和生态意识的未来公民。

1. 引入生态教育课程

生态教育的重要性已经成为全球共识。引入生态教育课程是一项重大改革，旨在从小培养学生的环保和生态意识，提高其生态文明素养。

（1）课程内容与目标

生态教育课程应涵盖广泛的主题，包括生态系统、物种多样性、气候变化、环境污染和可持续发展等。课程目标包括：其一，提高学生对生态系统的理解能力，培养他们的自然观察和科学思维能力。其二，培养学生的环保和可持续生活方式，如节能减排、垃圾分类和水资源管理。其三，培养学生的团队合作和问题解决能力，以应对未来的环境挑战。

（2）跨学科教育

生态教育课程应该跨足不同学科，包括生物学、地理学、化学、社会科学等。这有助于学生从多个角度理解生态问题，并将知识应用于实际生活中。

（3）实践与体验

课程应该强调实践和体验，通过户外活动、实验和参观生态系统来加深学生的理解。学生可以亲身感受到生态系统的脆弱性和重要性。

2. 校园环保示范

学校应当成为环保的示范区，通过校园环保示范活动，鼓励学生参与废弃物分类、节水节电等环保活动。

（1）校园环保措施

学校可以采取一系列环保措施，包括：其一，废弃物分类和回收。设置垃圾分类设施，教育学生正确分类废弃物。其二，节能和节水。改进建筑设施，推广节能灯具，提供节水器材。其三，绿色交通。鼓励学生和教职员工使用公共交通、骑自行车或步行上学。其四，可持续食品。提供有机和本地产的食品，减少食物浪费。

（2）学生参与教育

学生参与是校园环保示范的核心。学校应鼓励学生积极参与环保活动，例如：一是学生环保团队。组建学生环保团队，负责策划和组织环保活动。二是环保教育课程。将环保教育纳入课程，鼓励学生思考环境问题和可持续解决方案。三是环保宣传。举办环保宣传活动，如讲座、展览和竞赛等，提高学生对环保问题的认识。

（3）理念传承

校园环保示范不仅关乎当下，还涉及未来。学校应致力于培养学生的环保理念和价值观，使他们成为未来的环境领袖和倡导者。

（二）公众宣传和社区参与

通过各种手段，政府和社会组织可以鼓励市民积极参与，加深生态文明的认识和理解。在这方面，以下是一些可行的方法和策略：

1. 环保活动与义工服务

环保活动和义工服务是直接参与环保事业的重要途径之一。政府和社会组织可以定期组织这些活动，以吸引市民的参与。这些活动可以包括：

第一，垃圾清理活动。垃圾清理活动是一种直接有效的环保行动，通过吸引志愿者参与，可以改善城市和自然环境的卫生状况。这些活动通常包括清理公共区域，如河岸、海滩、公园和街道上的垃圾。志愿者们会分组，穿着特制的环保服装，配备垃圾袋和工具，清理垃圾并确保垃圾被妥善处理。这不仅有助于美化城市，还能减少对野生动植物和水域生态系统的影响。此外，垃圾清理活动还有助于强调垃圾分类和回收的重要性。志愿者可以将不同类型的垃圾分类，将可回收物品收集起来送往回收站点，从而减少资源浪费和环境污染。政府和社会组织可以借此机会教育市民垃圾分类的方法和意义，推动可持续消费和生活的方式。

第二，植树造林计划。植树造林计划是一种有益于城市生态系统和空气质量的环保活动。通过引导志愿者参与植树，可以增加城市的绿化率，改善城市空气质量，减少空气中的碳排放。植树还有助于城市野生动植物的栖息地恢复和多样性维护。植树活动不仅可以增强市民的环保意识，还能够促进社区凝聚力和团队协作。政府和环保组织可以提供树苗、工具和培训，鼓励市民积极参与，为城市的可持续发展贡献一份力量。

第三，河流和海岸线清理。清理河流和海岸线的垃圾是保护水域生态系统的重要环保举措。这些区域常常受到人类活动带来的垃圾污染，这对水生生物和自然景观构成威胁。环保活动可以组织志愿者进行清理工作，清除海滩、岸边和水面上的垃圾。通过清理河流和海岸线，可以保护水域生态系统，维护水质，减少塑料污染，促进可持续渔业和旅游业的发展。此外，这些活动也有助于提高人们对水资源的尊重和保护意识，鼓励采取措施减少塑料和废弃物进入水体的行为。

第四，废弃物回收项目。废弃物回收项目是一项直接有益的环保举措，通过设立废弃物回收站点，政府和社会组织可以鼓励市民积极参与废纸、塑料、玻璃等物品的回收。这不仅有助于减少垃圾填埋和焚烧，还可以减少资源浪费和环境污染。废弃物回收项目的成功取决于市民的积极参与和政府的支持。政府可以提供便捷的废弃物回收设施和相关教育，鼓励市民进行废弃物分类和回收。这些项目还可以创造就业机会，促进废品的再利用和循环利用，实现资源的可持续管理。

2. 生态讲座与宣传活动

教育和宣传是提高公众对生态文明认知的重要手段。开展生态讲座和宣传活动，可以深化市民对环境问题的理解，以及提高如何采取积极行动的知识储备。这些活动可以包括：

第一，专题讲座和研讨会是一种有效的环保教育方式，可以邀请专家学者就环保、气候变化、生态系统保护等重要话题进行讲解和探讨。这些活动为公众提供了深入了解环境问题的机会，同时也为专业知识的传播提供了平台。通过专家的分享，人们可以更好地理解复杂的环境和生态挑战，以及采取行动的方式。

第二，生态电影和纪录片展映是通过视觉和情感的方式传达环保信息的途径。这些影

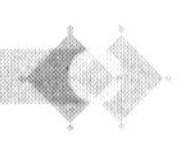

片常常通过生动的故事情节、图像和音乐，引发观众的情感共鸣，激发人们对环保问题的兴趣和反思。通过组织电影放映活动，人们可以更深入地了解环境问题的复杂性，并启发他们采取积极的环保行动。

第三，社交媒体和互联网已成为广泛传播环保信息的重要平台。政府、环保组织和个人可以利用社交媒体平台和网站发布环保信息、新闻、建议和故事，吸引更多人关注环保议题。通过社交媒体，环保活动和倡议可以迅速传播，形成社会舆论，鼓励人们积极参与环保行动。

第四，儿童是未来的环保决策者和行动者，因此儿童环保教育至关重要。开展儿童环保教育活动可以培养孩子们的环保意识，教导他们如何保护环境和采取可持续的生活方式。这些活动可以包括学校讲座、户外生态探险、环保手工制作和竞赛等，以吸引孩子们的兴趣和参与。

第五，生态展览和艺术活动是通过艺术表达传递环保信息的创新方式。这些展览包括环保主题的绘画、雕塑、摄影作品等。通过艺术作品，观众可以以独特的方式感受和理解环保议题，从而增强对环保问题的认知。这种艺术形式还可以吸引更广泛的观众，包括那些对环保问题不太感兴趣的人。

（三）奖励与激励机制

1. 环保奖励机制

环保奖励机制是一种有效的激励手段，可以鼓励个人和组织积极参与环保活动。政府可以设立不同级别的环保奖励，从而认可和奖励在环保领域做出杰出贡献的个人和组织。以下是环保奖励机制的一些具体措施：

（1）环保英雄奖励

这一奖励旨在承认和鼓励个人在环保领域的卓越贡献。环保英雄可以是环保志愿者、倡导者、科学家或者其他在环保事业中崭露头角的人士。政府可以通过颁发环保英雄奖来表彰他们的杰出工作，这不仅激励了他们，还为其他人树立了榜样，鼓励更多人积极参与环保行动。

（2）绿色创新奖励

绿色技术和环保创新是推动可持续发展的重要驱动力。政府可以通过设立绿色创新奖励，鼓励企业和研究机构在环保领域进行研究和开发。这一奖励可以包括提供研究经费、知识产权支持或市场准入优惠，以奖励那些开发出环保创新解决方案的组织和团队。

（3）生态保护奖励

生态系统的保护对于维护生物多样性和生态平衡起着至关重要的作用。政府可以通过设立生态保护奖励，表彰在生态系统保护、野生动植物保护和自然资源保护方面作出杰出贡献的组织和个人。这有助于激发更多的生态保护工作，促进可持续自然资源管理。

（4）环保创业奖励

创业是推动经济增长和创新的重要力量，政府可以通过设立环保创业奖励，鼓励初创企业开展环保相关的项目。这可以包括提供启动资金、投资支持或市场推广，以激励创新型企业在环保领域取得成功，推动绿色经济的发展。

（5）教育与传播奖励

教育和宣传是增强公众环保意识的重要途径。政府可以通过设立教育与传播奖励，奖励在环保教育和环保宣传方面取得杰出成绩的教育机构、媒体和个人。这有助于加强环保信息的传递，推动社会更广泛地参与环保行动。

2. 税收和能源政策

税收政策和能源政策的调整可以在经济上激励环保行为，鼓励采用绿色技术和低碳能源。以下是一些具体的政策措施：

（1）环保税收减免

环保税收政策的制定可以通过税收减免或抵免的方式，鼓励企业采取环保措施。企业如果减少污染排放、提高能源效率或采用环保技术，可以享受税收优惠，降低生产成本。这种政策不仅激励了企业积极参与环保行动，还有助于降低环境污染。

（2）能源效率激励

制定能源效率标准和激励措施可以鼓励企业和个人采用能源效率更高的设备和技术。政府可以提供奖励或减免电力费用，以鼓励人们更加节能。这有助于降低能源消耗、减少温室气体排放，同时降低了居民和企业的能源支出。

（3）低碳能源补贴

政府可以提供低碳能源的生产和使用补贴，以促进可再生能源、清洁能源和低碳技术的发展。这种补贴可以降低低碳能源的成本，提高其市场竞争力，鼓励人们采用更环保的能源选择。

（4）碳排放交易体系

建立碳排放交易体系是一种市场化的碳减排方式。企业可以在一定排放配额内自由交易碳排放权。这鼓励企业自愿减少碳排放，因为多余的排放权可以出售给其他企业。这种市场机制不仅激励了减排行为，还有助于形成低碳经济。

（5）绿色建筑激励

绿色建筑标准的制定和税收优惠可以推动可持续建筑和城市规划。政府可以为符合绿色建筑标准的项目提供税收优惠或建设补贴，鼓励房地产开发商采用环保建筑材料和节能技术。这有助于减少建筑业的碳足迹，改善城市环境质量。

这些税收和能源政策的调整可以通过经济奖励的方式，来鼓励企业和居民采取环保行动，推动社会朝着更可持续的方向发展。同时，这些政策也有助于减少污染、降低温室气体排放，促进生态平衡和环境可持续性。

第九章　城镇化协调耦合性的区域协同发展

第一节　城镇化协调耦合性与区域协同发展的关系

区域协同发展是一种通过协同合作，整合各类资源，提高区域整体竞争力和可持续发展水平的策略。在城市化进程中，城市和乡村之间存在着密切的联系和相互依赖，城市的发展需要依赖乡村提供粮食、水资源等基本支持，而乡村也需要城市提供就业机会和更多的公共服务。因此，区域协同发展是迫切需要的，它有助于实现资源优化配置、协同发展，提高整个区域的生活质量。

一、城市与乡村相互依赖

城市与乡村之间存在着密切的相互依赖关系。城市通常是经济增长的中心，吸引了大量农村劳动力涌入城市，并提供了就业机会。然而，城市也需要来自乡村的资源供应，包括粮食、水源、能源等。因此，城市和乡村的协同发展对于维持国家经济的稳定和发展至关重要。

（一）城市作为经济增长中心

城市在现代社会扮演着经济增长的关键角色。它集聚了各种资源，包括金融、技术、市场和人才，为企业和创新提供了理想的环境。这吸引了大量农村居民前往城市，以谋求更好的就业机会和生活条件。城市的发展带动了国家经济的持续增长。

1. 城市作为经济增长的引擎

首先，资源聚集与高效利用。城市作为经济增长的引擎，吸引了大量的人才、企业和资本。这些资源的集聚促进了知识和技术的传播，推动了创新和生产力的提高。城市提供了密集的商业网络，促进了各种产业的合作和竞争，从而推动了经济的不断发展。

其次，创业和企业发展。城市通常拥有完善的法律和金融体系，这有助于创业者获得融资和法律支持。创新型企业和初创公司在城市中更容易找到合作伙伴、投资者和顾客。城市的创业生态系统吸引了年轻的企业家，推动了新兴产业的崛起。

2. 农村居民的城市迁移

首先，就业机会。城市提供了多样化的就业机会，吸引了大量农村居民前往城市谋求更好的职业发展。制造业、服务业和高科技领域的工作机会吸引了来自农村的劳动力。这种迁移为农村居民提供了更高的收入和生活水平，

其次，教育和培训。城市通常拥有更丰富的教育和培训资源。农村居民前往城市可以获得更高质量的教育和培训，提高了他们的职业技能和竞争力。这有助于他们在城市就业市场中获得更好的职位。

3. 城市为国家经济起到的贡献

首先，税收贡献。城市产生了大量的税收，为国家提供了财政支持。企业和居民的税收贡献有助于政府提供公共服务，如基础设施建设、教育和医疗保健。城市的税收贡献是国家财政的重要来源。

其次，国际竞争力。城市的经济发展和国际竞争力密切相关。国际企业总部、金融中心和创新中心通常位于城市，这有助于提高国家在全球市场上的竞争力。城市的国际化促进了国际贸易和投资的发展，为国家带来了更多的机会和收益。

（二）乡村为城市提供基本支持

粮食、水源、能源等资源主要来自乡村。农村地区的农产品的供应满足了城市居民的食品需求，水源和能源也源自乡村。城市无法独立存在，需要依赖乡村提供这些基本生存物资。

1. 粮食供应与食品安全

首先，农村地区的粮食生产。乡村地区通常是粮食生产地主要区域。农民在农田中种植谷物、蔬菜、水果等各类农产品，为城市提供了大量的食品供应。粮食、蔬菜和水果等农产品通过市场渠道输送到城市，满足了城市居民的食品需求。

其次，食品供应链。农村地区的食品供应链对城市的食品安全至关重要。从农田到市场，再到超市和餐馆，食品供应链需要协调和合作。农村地区提供了食品的初始生产环节，确保了城市居民有充足的食品供应。

2. 水资源供应与生活需求

首先，农村水源。城市通常需要大量的水资源用于居民生活、工业生产和农业灌溉。这些水资源的一部分来自农村地区的水源，包括河流、湖泊和地下水。另一部分是城市通过水管网等设施将农村地区的水源输送到城市，满足了城市居民的生活需求。

其次，生态保护与水资源。农村地区的生态系统保护对于城市的水资源供应至关重要。良好的生态环境可以保护水源，减少水质污染，确保水资源的可持续供应。城市需要与农村地区合作，共同推动生态保护工作，以保障水资源的稳定供应。

3. 能源供给与城市运转

首先，农村的能源产出。乡村地区通常是能源的产出区域，包括化石能源、可再生能源和木材等。城市依赖乡村地区提供能源，用于电力生产、加热和工业生产。能源的供给需要建立跨区域的能源输送系统，确保城市能够正常运转。

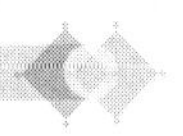

其次，可再生能源与环保。城市对能源的需求越来越侧重可再生能源，如太阳能和风能。这些可再生能源通常在乡村地区发电，然后输送到城市。这有助于减少碳排放，促进环保。城市和农村地区可以共同发展可再生能源项目，推动清洁能源的使用。

二、资源整合与优化配置

区域协同发展可以促进资源的整合和优化配置。不同地区拥有不同的资源和产业优势，通过合作和互补，可以实现资源的高效利用。例如，农村地区可以提供农产品，城市提供市场和加工能力，从而形成农产品供应链，满足市民的需求。这有助于提高资源的综合利用率，减少资源浪费。

（一）资源的地区差异性

不同地区拥有不同的资源和产业优势。例如，一些地区适合农业生产，而其他地区则适合工业发展或生态旅游。通过合作和协同发展，这些资源可以得到更好的整合和利用。

1. 农业资源的地区差异性

首先，土壤和气候条件。不同地区的土壤地质和气候条件各异，决定了其适宜的农业生产类型。一些地区拥有肥沃的土壤和温和的气候，适合种植粮食、蔬菜和水果。而其他地区可能干旱或寒冷，更适合畜牧业或特定农产品的种植。农村地区通常是粮食和农产品的主要生产区域，为城市提供食品支持。

其次，水资源。水资源的分布也对农业产生影响。地处河流流域的地区可以更容易进行农业灌溉，提高农产品产量。而干旱地区可能需要依赖地下水或水资源的调配，这也会影响农业的发展。农村地区通常是水源的重要保护地，确保水资源的供应和质量。

2. 工业资源的地区差异性

首先，自然资源。不同地区拥有不同类型的自然资源，如矿产资源、森林资源等。一些地区可能富含矿产资源，适合开展采矿和加工业。而森林资源丰富的地区可以支持木材加工和纸浆产业。工业发展通常需要大量的原材料，这些资源的地区分布会影响工业结构的形成。

其次，交通和基础设施。地理位置和交通条件对工业的发展起到至关重要的作用。靠近港口或交通枢纽的地区通常更容易发展出口导向型产业，依赖便捷的物流和运输网络。同时，基础设施建设，如道路、铁路、电力供应等也影响了工业的发展。城市通常需要与乡村地区合作，确保资源和原材料的流通畅通。

3. 生态旅游资源的地区差异性

首先，自然景观和生态系统。一些地区拥有独特的自然景观和生态系统，适合开展生态旅游。例如，山区、湖泊、森林和海滩等自然景观吸引着游客。这些地区可以开发旅游业，提供生态游览和户外活动。同时农村地区的生态保护和可持续旅游发展对于维护自然环境至关重要。

其次，文化遗产和传统乡村。一些乡村地区拥有丰富的文化遗产和传统乡村风貌，吸引着文化爱好者和历史迷。这些地区可以开展文化旅游，推广传统工艺和文化节庆。同时，生态保护也是文化遗产的保护，需要城市的支持和合作。

（二）农村和城市的协同发展

以农产品供应为例，农村地区可以提供高质量的农产品，城市则提供市场、加工和销售的能力。这种协同关系促进了农业供应链的形成，确保了食品的稳定供应。此外，城市也可以为农村地区提供农产品的加工和销售渠道，提高了农产品的附加价值。

1. 农村地区的高质量农产品供应

首先，土地和气候条件。农村地区通常拥有广阔的耕地和适宜的气候条件，适合各类农产品的种植和生产。这些地区可以种植粮食、蔬菜、水果、畜牧业等多种农产品，提供了多样化的供应。

其次，农业技术。农村地区传承着丰富的农业传统和技术，农民具备丰富的农业知识和经验，能够生产高质量的农产品。同时，一些农村地区也采用现代化的农业技术，如精准农业、有机农业等，提高了农产品的质量。

最后，生态环境。相对于城市，农村地区的生态环境通常较好，污染少，有助于生产出更加健康和安全的农产品。这对于城市居民的食品安全起到至关重要的作用。

2. 城市的市场、加工和销售能力

首先，城市作为人口密集和经济活跃的地区，拥有巨大的市场需求。城市居民对各类农产品的需求持续增长，需要大量的供应来满足市场。

其次，城市通常拥有先进的农产品加工和加工业设备，可以将农产品加工成各种食品和食品原料。这不仅提高了农产品的附加价值，还延长了农产品的保质期。

最后，城市拥有发达的销售网络，包括超市、食品市场、餐饮业等。这些销售渠道可以将农产品快速推向市场，保证了农产品的销售。

3. 协同发展促进农产品供应链的形成

首先，城市和农村地区之间的协同发展促进了农产品供应链的形成。农村地区提供农产品，城市提供市场和加工能力，这种协同关系确保了食品的稳定供应。农产品供应链的形成不仅受益于农民，而且满足了城市居民的食品需求。

其次，城市的农产品加工业提高了农产品的附加价值。通过加工，农产品可以转化成各种食品和食品原料，增加了销售渠道和市场竞争力。这也有助于提高农产品的价格，增加农民的收入。

最后，城市提供了严格的食品监管和质量检测体系，确保了农产品的食品安全和质量。这有助于消费者信心的建立，提高了农产品的市场竞争力。

三、促进经济多元化

区域协同发展有助于促进经济多元化。不同地区的产业结构可能不同，通过合作和发展特色产业，可以降低区域内产业结构单一性的风险。这种多元化有助于提高区域的经济

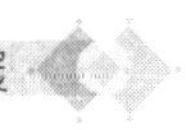

韧性，减轻经济波动的冲击。

（一）减少产业结构单一性风险

不同地区的产业结构可能存在差异，某一地区可能主要依赖某一产业。这种产业结构的单一性可能会使地区对经济波动更加敏感。通过区域协同发展，不同地区可以发展特色产业，降低对某一产业的依赖，提高了整个区域的经济韧性。

1. 产业结构的单一性风险

首先，地区依赖性。一些地区可能主要依赖某一产业或产业链，例如，某地可能主要依赖煤炭业或钢铁业。这种依赖性使地区对特定产业的波动和变化更加敏感。

其次，经济波动风险。当特定产业受到外部冲击或市场波动时，地区的经济可能会受到严重影响。产业结构的单一性使地区更容易受到经济波动的冲击，增加了风险。

2. 区域协同发展的多元化效应

首先，特色产业发展。不同地区可以通过协同发展特色产业，降低对某一产业的依赖。例如，某一地区可以发展新兴产业，如高科技产业、文化创意产业等，以减少对传统产业的依赖。

其次，经济韧性提升。区域协同发展有助于提高整个地区的经济韧性。当一个地区的特定产业受到冲击时，其他地区的产业可以提供支持和帮助，减轻受影响地区的压力。

（二）促进创新和科技进步

不同地区的合作有助于促进创新和技术进步。城市通常拥有更多的研发机构和高校，农村地区则可能有独特的自然资源和生态环境。通过合作，可以实现知识和资源的交流和共享，促进科技创新，推动产业升级。

1. 合作促进创新和科技进步

首先，知识交流。城市和乡村地区的合作促进了知识的交流和共享。城市通常拥有更多的研发机构、高校和科研人才，而农村地区可能有独特的自然资源和生态环境。通过合作有助于将城市的科研成果应用到农村地区，推动技术的传播和应用。

其次，资源整合。不同地区的合作可以实现资源的整合。城市通常需要大量的资源供应，而农村地区可以提供粮食、水源、能源等资源。通过合作，可以实现资源的高效利用，促进生产要素的流动和配置。

2. 科技创新与产业升级

首先，技术创新。城市和乡村地区的合作有助于技术创新。城市通常拥有更多的科研机构和创新资源，可以为农村地区提供新技术、新产品和新服务。这有助于提高农村地区的生产效率和竞争力。

其次，产业升级。通过合作，不同地区可以推动产业的升级和转型。城市可以提供市场和销售渠道，帮助农村地区的特色产业走向市场，提高附加价值。同时，农村地区的资源供应也有助于城市产业的发展。

四、区域竞争力提升

高协调耦合性的地区更容易形成产业集群，吸引了更多的企业、投资和创新资源。这些集群通常具有更高的生产率和创新能力，能够在全球市场上更具竞争力。通过区域协同发展，城市和乡村地区可以充分发挥各自的优势，形成协同发展的局面。

（一）吸引投资

高协调耦合性的地区通常能够更容易形成产业集群，因为这些地区拥有更多的企业和资源。这些集群可以吸引更多的投资，推动产业的发展和升级。

1. 资源整合

高协调耦合性的地区通常具有多样化的资源，包括人才、资金、技术和市场。这些资源的整合有助于形成产业集群，吸引更多的企业和投资。

首先，高协调耦合性地区的多样化资源使其具备了吸引企业和投资的竞争优势。

这些地区通常聚集了来自不同领域的人才，包括工程师、科学家、商业管理者等，这些人才汇聚在一起，促进了知识和经验的交流。这种跨学科的合作有助于创新和技术进步，吸引了更多的企业寻求与这些优秀人才合作，进一步推动了地区的经济增长。

此外，高协调耦合性地区通常拥有丰富的资金资源。金融机构、风险投资者和私募股权基金等可以提供资金支持，帮助初创企业和新项目起步。这种资金流动促进了创新活动，使企业能够更快地扩张和发展。

其次，技术资源的整合是高协调耦合性地区形成产业集群的重要驱动力之一。

不同企业之间的技术交流和合作可以促进技术的传播和应用。这种技术流动有助于提高地区企业的竞争力，并吸引更多的企业进入该地区。例如，硅谷的成功部分归功于技术公司之间的紧密联系和合作，这促进了高科技产业的迅速发展。

再次，市场资源的整合对于形成产业集群至关重要。

高协调耦合性的地区通常拥有庞大的市场规模，这吸引了企业进入该地区，以满足市民和企业的需求。大市场意味着更多的销售机会和潜在利润，这对于企业来说非常吸引人。同时，市场的多样性也鼓励了不同类型的企业进驻，从而促进了产业多样性的发展。

最后，高协调耦合性地区的资源整合有助于提高生产效率。

企业可以共享资源和设施，降低生产成本。例如，多家制造业企业可以共享生产设备和供应链，降低生产成本，提高了竞争力。这种资源整合有助于提高地区的整体生产效率，使其更具吸引力，吸引更多的投资和企业。

2. 市场规模

城市通常拥有更大的市场规模，这吸引了更多的企业进入该地区。大市场通常意味着更多的销售机会和潜在利润，因此吸引了更多的投资。

首先，城市通常拥有更大的市场规模，这是吸引企业的主要驱动因素之一。

大市场规模意味着更多的潜在客户和消费者，这对于企业来说是一个巨大的销售机

会。企业倾向进入拥有更多潜在消费者的市场，因为这有助于他们扩大业务规模，增加销售额和利润。此外，扩大市场规模还可以降低企业的市场份额，减少竞争的激烈程度，使其更容易在市场上站稳脚跟。

其次，大市场规模意味着更多的多样化需求和机会。

城市内的居民和企业通常具有多样化的需求和利益。这为企业提供了开发不同产品和服务的机会。例如，一个大城市可能有各种不同类型的餐饮需求，包括快餐、高级餐厅、异国风味等。这种多样性有助于吸引不同类型的企业进入市场，满足不同消费者的需求。

再次，扩大市场规模可以降低单位成本。

在大市场中生产和销售产品通常更具有成本效益。因为生产规模越大，企业可以实现生产过程的更多自动化和标准化，从而降低了企业成本。此外，大市场可以减少物流成本，因为供应链更短，货物可以更便宜、更快地到达消费者手中。这使企业能够提供更具竞争力的价格，吸引更多的消费者。

最后，扩大市场规模可以促进创新。

在竞争激烈的市场上，企业通常需要不断创新和改进产品和服务，以满足消费者需求。大市场提供了更多的反馈和机会，鼓励企业不断改进，并开发新的解决方案。这促进了市场上的竞争，推动了经济增长和创新。

（二）促进创新

产业集群通常具有更高的创新能力。不同企业之间的竞争和合作促进了技术和管理的创新。高协调耦合性的地区可以更容易形成创新生态系统，吸引科研机构和高校的参与。

1. 产业集群通常具有更高的创新能力。

首先，产业集群促进信息共享和技术交流。在产业集群内，企业之间的地理邻近性和产业相关性促使它们更容易进行信息共享和技术交流。这种交流不仅包括正式的研发合作，还包括日常的经验分享和最佳实践传播。企业可以从彼此的成功和失败中汲取经验教训，加速学习曲线，提高创新效率。

其次，竞争压力激发企业创新意识。在产业集群内，企业之间的竞争非常激烈，每家企业都希望在市场上脱颖而出。这种竞争压力迫使企业不断寻求创新的解决方案，以提高产品质量、降低成本或开发新市场。企业之间的竞争推动了技术和管理的进步，促使它们不断改进和创新。

再次，产业集群促进了市场合作。在集群内，企业往往面临着共同的市场需求和挑战。为了更好地应对这些挑战，企业倾向于进行市场合作，共同开发解决方案。这种合作可以涉及新产品的联合开发、市场推广的协作以及供应链的优化。市场合作不仅提高了企业的竞争力，还有助于创新的发展。

最后，产业集群促进了技术共同研发和商业化。企业在集群内更容易找到合适的合作伙伴，共同进行技术研发项目。这种技术共同研发可以加速新产品和新技术推出市场，缩短研发周期。同时，集群内的企业也更容易获得资金支持和市场反馈，有助于将创新成果商业化。

2. 高协调耦合性的地区可以更容易形成创新生态系统

首先，高协调耦合性的地区聚集了多样化的资源。这些资源包括了来自不同领域的专业知识、人才、技术、资金以及市场机会。在这种多元化的资源环境中，各方参与者可以更容易地找到合作伙伴，以填补彼此的不足。科研机构和高校可以借助企业的资金和市场洞察来推进研究，企业可以依赖科研机构的专业知识来开发新产品，政府部门可以协助协调资源的整合和分配。

其次，高协调耦合性的地区建立了密切的合作网络。这些网络不仅包括了组织之间的合作关系，还包括了个人之间的联系。专家、研究人员、企业家和政策制定者之间的紧密联系促进了知识和经验的传递。这种信息的流动有助于提高问题解决的效率，加速创新的过程。同时，这些合作网络也为各方提供了机会，共同探索新的领域和项目。

再次，高协调耦合性的地区具有强大的创新文化。这些地区通常对创新具有积极的态度，并鼓励创新精神。政府部门可以提供创新激励政策，鼓励企业和科研机构投入研发活动。同时，创新文化也通过教育系统传播，培养了年青一代的创新者。这种文化氛围有助于吸引更多的创新者和创业家，推动创新的蓬勃发展。

最后，高协调耦合性的地区具备创新基础设施。这包括研究实验室、孵化器、科技园区等创新支持设施。这些设施提供了创新活动所需的物理和技术条件，使创新变得更加容易。企业可以在这些设施中进行研发和试验，科研机构可以利用先进的实验设备推进研究，而政府部门可以提供资源支持和监管指导。

（三）共享经验和技术

城市和乡村地区的合作促进了经验和技术的共享。城市通常拥有更多的技术和管理经验，可以帮助农村地区提高生产质量和标准化水平。

1. 城市和乡村地区的合作促进了技术共享

首先，城市通常拥有更多的技术和创新资源。在城市中，高科技企业、研发机构和高等教育机构集聚，这些机构通常具有丰富的科研和技术资源。通过与农村地区的合作，城市可以将这些技术资源引入农村，帮助农民采用更先进的农业技术。例如，城市的农业专家可以对农村农民提供培训，介绍新的种植和养殖技术，以提高农产品的产量和质量。这种技术共享不仅促进了农业现代化，还提高了农民的收入水平。

其次，城市和农村地区的合作促进了科研成果的转化。城市通常拥有更多的科研机构和实验室，这些机构进行着各种前沿研究。通过与农村地区的合作，城市的科研成果可以更好地转化为实际应用。例如，城市的科研机构可以与农村企业合作，将新的农业技术和产品推向市场。这有助于提高农村地区的产业水平，创造就业机会，并促进经济增长。

最后，城市和乡村地区的合作有助于解决农村地区的技术难题。农村地区常常面临一些特殊的技术挑战，如土壤质量问题、水资源管理和疫病控制。城市的专业知识和技术资源可以帮助农村地区克服这些问题。通过合作，城市和农村可以共同研究和解决这些技术难题，提高农产品的生产效率和质量。

2. 城市和乡村地区的合作促进了经验共享

首先，城市通常具有更多的商业经验和市场洞察力。在城市中，企业通常面临着竞争激烈的市场环境，必须具备高效的市场运营和销售技巧。这些经验和技能对于农村企业进军城市市场至关重要。城市企业可以与农村企业分享他们的市场洞察力，帮助他们更好地了解城市消费者的需求和趋势。这有助于农村企业更精准地定位市场，开发适销对路的产品和营销策略。

其次，农村地区的传统知识和经验对城市企业也具有重要价值。农村地区通常保留着丰富的传统知识，包括农业、手工艺和特色产品的生产技艺。这些传统知识和经验在市场上有一定的吸引力，可以为城市企业提供创新和产品差异化的机会。例如，一些农村地区以特色农产品和手工工艺品而闻名，城市企业可以与他们合作，共同推广这些产品。同时，城市企业也可以借鉴农村地区的可持续生产模式和环保实践，提高企业的社会责任形象。

再次，经验共享有助于城乡间的互补合作。通过城市和农村企业之间的经验共享，双方可以互相学习，实现互补发展。城市企业可以借鉴农村企业的生产方式和成本控制经验，提高自身的效益和竞争力。农村企业则可以受益于城市企业的市场开拓和品牌推广经验，拓宽销售渠道和提高品牌知名度。

最后，经验共享有助于扩大市场份额和增加销售额。城市和农村企业之间的合作可以帮助双方进入对方的市场，拓展销售渠道。这有助于扩大市场份额，增加销售额，提高企业的盈利能力。同时，经验共享也可以减少市场风险，使企业更具竞争力。

3. 城市和乡村地区的合作促进了标准化和质量控制的共享

首先，城市通常拥有更严格的质量标准和监管机构。在城市中，由于市场竞争激烈，消费者的质量和安全要求通常更高。因此，城市企业必须遵守更为严格的质量标准，以确保其产品达到市场要求。这种标准和监管机构的存在对农村地区的生产企业具有正向影响力。与城市企业合作，农村企业可以借鉴城市的质量管理经验，提高产品的质量和安全性。通过合作，农村企业可以更好地满足城市市场的需求，进而提高市场竞争力。

其次，城市和农村地区可以共同制定和推广标准化的生产流程。标准化的生产流程有助于提高生产效率和降低生产成本。通过与城市企业的合作，农村企业可以学习并采用先进的生产工艺和管理方法。这种流程的标准化还有助于提高产品的一致性和可追溯性，降低了生产过程中的变异性。这有助于确保产品的质量和安全性，并满足市场的标准要求。

再次，合作促进了资源的共享。城市和农村地区的企业可以共享资源，如实验室设备、检测设备和质量控制专业知识。这有助于降低农村企业在质量控制方面的投资成本，同时提高了质量控制的水平。城市和农村地区的企业之间也可以共同开展研发和创新活动，以不断提高产品的质量和技术含量。

最后，合作有助于建立品牌和声誉。城市企业通常拥有更强的品牌和声誉，这对于产品在市场上的认可和接受度至关重要。通过与城市企业的合作，农村企业可以借助城市企业的品牌力量，提高其产品的市场地位。同时，城市企业也可以帮助农村企业建立和维护良好的声誉，通过不断改进产品质量和服务水平。

第二节　城镇化协调耦合性区域协同发展的策略和实践路径

一、推动产业转型升级

城镇化协调耦合性与区域协同发展的核心策略之一是推动产业转型升级。这意味着城市和乡村地区的产业应该更紧密的合作，以实现相互支持和互补。政府可以采取以下措施：

（一）制定激励政策

政府在推动城乡产业合作方面可以采取一系列激励政策：

首先，税收优惠政策。政府可以为城乡合作企业提供税收减免或减免一定期限内的税款，鼓励企业投资合作项目。

其次，贷款支持。设立专项贷款计划，提供低息或无息贷款，以支持城乡企业合作的技术创新和产业升级。

最后，科技创新基金。成立科技创新基金，资助城乡企业开展联合研发和技术创新，提高产业竞争力。

（二）扶持新兴产业

新兴产业的发展可以为城乡产业升级提供有力支持，以下是一些具体措施：

首先，农村电商发展。支持农村电商平台的建设和运营，帮助农村企业将产品推向城市市场，提高销售额。

其次，农产品加工。政府可以资助农村地区建设现代化农产品加工厂，加工农产品并提高附加价值，以增加农民收入。

最后，生态农业。鼓励生态农业的发展，推动有机农业、特色农业和绿色农业的兴起，提高农产品的品质和市场竞争力。

二、建设现代化基础设施

现代化基础设施是城镇化协调耦合性的基础，对于城市和乡村地区的互联互通至关重要。

（一）改善交通网络

1. 修建高速公路

政府可以投资兴建高速公路，将城市和乡村地区紧密连接起来，缩短物流时间，减少运输成本。高速公路的建设还有助于农产品的快速运输，保持产品新鲜度。

2. 铁路发展

加强铁路建设，特别是发展货运铁路，提高资源和产品的运输效率。铁路还可以连接城市和乡村地区，促进人员流动和旅游业的发展。

（二）提升信息技术基础设施

1. 互联网覆盖

扩大互联网覆盖范围，特别是在农村地区，以确保信息的畅通。这有助于农村居民获取市场信息、销售农产品和接受在线教育等。

2. 数字化技术推广

鼓励城乡企业采用数字化技术，如电子商务平台、物联网等，提高生产效率和市场竞争力。政府可以提供培训和支持，进而帮助企业掌握这些技术。

（三）发展清洁能源

1. 可再生能源应用

政府可以资助农村地区开发可再生能源项目，如太阳能和风能发电。这不仅有助于降低能源成本，还减少了环境污染，提高了能源可持续性。

2. 清洁能源技术

推动清洁能源技术的研发和应用，促进能源生产和使用的可持续性。政府可以提供研发资金和税收激励，鼓励清洁能源产业的发展。

三、促进人才流动和培训

政府可以制定人才政策，鼓励人才在城市和乡村地区之间流动，为不同地区的企业和产业提供所需的人才支持。此外，人才培训也应成为政策的一部分，以提高农村地区的技术和管理水平，使其更好地适应现代化产业的发展需求。

（一）创造良好的人才流动环境

1. 简化户籍制度

政府可以通过改革户籍制度来减少城乡之间的户籍差异。可以取消农村户籍与城市户籍之间的限制，允许农村人口在城市购房、就业和享受社会福利。通过简化户籍制度，可以消除人口流动的壁垒，使农村人口更容易进入城市，为城市提供更多的劳动力。

2. 提供住房和社会保障

为吸引农村人口到城市就业和生活，政府可以采取以下措施：

第一，提供廉租住房或租金补贴。城市政府可以建设廉租住房，或提供租金补贴，以帮助农村人口解决在城市的住房问题。降低他们的生活成本，增加城市生活的吸引力。

第二，扩大社会保障覆盖范围。政府可以扩大医疗保险和养老金等社会保障的覆盖范围，确保农村人口在城市也能享受到这些福利。减轻他们的社会保障负担，增加他们在城市的生活稳定性。

（二）推行职业培训计划

1. 为农村劳动力提供技能培训

首先，建立职业培训中心。政府可以建立专门的职业培训中心，位于农村地区或靠近农村的城市郊区，以便农村劳动力能够方便地获得培训。这些培训中心可以提供多种培训课程，涵盖农业现代化技术、工业生产技能、服务业技能等多个领域。这些中心应该配备现代化的教育设施和培训设备，以确保培训的高效性和实用性。

其次，制订个性化培训计划。为了满足不同农村劳动力的需求，培训计划应该具有一定的个性化。培训机构可以进行需求分析，了解每位培训学员的背景和兴趣，然后制订相应的培训计划。这有助于确保培训内容与学员的实际需求相符，提高培训的效果。

最后，提供实践机会。除了理论培训，还应为学员提供实际工作机会或实习机会。这可以通过与城市企业或工厂建立合作关系来实现。实践经验对于学员来说是非常宝贵的，能够帮助他们将所学技能应用到实际工作中，提高他们的就业竞争力。

2. 提高培训质量

首先，课程与市场需求匹配。培训课程应当紧密与市场需求相匹配，以确保学员所学的技能和知识在实际就业中有用武之地。为了做到这一点，培训机构需要与当地的企业和行业建立紧密的合作关系，不断了解市场的变化和需求，然后相应地调整培训课程。

其次，提供实际操作经验。“纸上谈兵”远远不如亲身实践，因此，培训机构应该为学员提供充足的实际操作经验。这可以通过模拟工作场景、实验室实践或实际工作机会来实现。与企业的合作关系也可以帮助提供实际操作经验，使学员更好地适应工作环境。

再次，政府监督和评估。政府在培训领域的监督和评估是确保培训质量的关键。政府可以设立专门的机构或委员会来负责监督培训机构的运作，并定期进行评估。这包括检查课程内容、教材质量、师资队伍水平以及学员的学习成果。政府还可以向培训机构提供相关的指导和培训，以帮助其提高培训质量。

最后，职业认证的推广。政府可以鼓励培训机构提供职业认证课程，这有助于提高学员的就业竞争力。职业认证可以作为学员已经掌握特定技能的证明，受到企业用人单位的认可。政府可以设立相应的认证标准，并为通过认证的学员提供相应的福利或奖励，以鼓励更多人参加培训。

（三）加强高校合作

1. 鼓励城市高校与农村地区合作

首先，建立城市高校分校。一种鼓励城市高校与农村地区合作的方式是建立城市高校

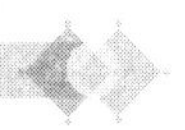

的分校或分支机构。这些分校可以位于农村地区，为当地学生提供高等教育的机会。这种方式可以有效地扩大高等教育的覆盖范围，让农村学生能够在家门口接受高质量的教育。这些分校可以提供各种课程，涵盖从文科到理工科的不同领域，满足不同学生的需求。政府可以通过提供资金支持和政策激励，鼓励城市高校设立分校，并确保其设施和教学质量达到标准。

其次，提供在线教育。随着互联网的普及，在线教育成为一种强大的工具，可以弥补城乡教育资源的差距。城市高校可以开设在线课程，供农村学生远程学习。这种方式不仅能够为农村学生提供更多的学习机会，还具有灵活性，适应不同学生的学习节奏。政府可以鼓励城市高校开展在线教育项目，并提供网络覆盖和设备支持，以确保农村学生能够顺利参与在线学习。此外，政府还可以建立在线课程认证制度，保证在线教育的质量和可信度。

再次，推动教育资源下沉。为了加强城市高校与农村地区的合作，政府可以采取措施推动教育资源下沉。这包括向农村地区派遣更多的教师和教育工作者，提供更多的教材和教学设备。政府还可以鼓励城市高校的教师参与到农村地区的教育工作中，为农村学校提供支持和帮助。这种方式可以有效地提高农村地区的教育水平，缩小城乡教育差距。

最后，建立学术研究合作项目。城市高校与农村地区的合作不仅限于教育，还可以包括学术研究领域。政府可以鼓励城市高校与农村地区的研究机构和农村企业开展合作项目，解决农村地区面临的实际问题。这种合作有助于促进科技创新和知识传播，提高农村地区的发展水平。

2. 开设适应农村需求的专业

首先，根据农村产业需求设立专业。为了适应农村地区的实际发展需求，高校可以与当地政府和企业合作，开设与农村产业相关的专业课程。这些专业可以涵盖农业现代化、农产品加工、乡村旅游、农村电商等领域。通过这些专业的设置，高校可以培养更多适应农村经济结构的人才，为农村产业升级和多元化发展提供有力支持。

其次，提供实践教育机会。高校可以与农村企业和合作社建立合作关系，为学生提供实践教育机会。这包括实习、实训和项目合作等形式，让学生亲身参与农村产业的实际运营和管理。通过与农村企业的合作，学生可以学到更多实际操作技能，了解农村产业的运行机制，增强实际解决问题的能力。

最后，建立与农村企业的合作项目。高校可以与农村企业建立合作项目，共同开展研究和创新活动。这些项目可以涉及新产品开发、农业技术推广、农产品加工等领域。通过与农村企业的合作，高校可以将理论知识与实际问题相结合，培养更具创新精神的学生，并为农村产业的发展提供新的思路和解决方案。

四、促进城乡教育和医疗资源均衡配置

城乡教育和医疗资源的不均衡分布是城镇化协调耦合性与区域协同发展的障碍之一。

政府可以通过提高农村地区的教育和医疗资源投入，确保城乡居民都能享受到优质的教育和医疗服务。这有助于提高农村地区的人力资源质量，促进城市和乡村地区的协同发展。

（一）教育资源均衡配置

1. 提高农村教育经费投入

首先，增加财政拨款。政府可以通过预算增加对农村地区教育的财政拨款，确保学校有足够的资金用于改善教育条件。这包括提高学校基础设施的建设和维护经费，购置教材、图书馆资源和教学设备，以及提高教师薪酬水平。这些举措可以提高农村学校的教育质量，吸引更多优秀的教师前往农村地区从事教育工作。

其次，建设现代化教育基础设施。政府可以投资兴建现代化的教育基础设施，包括新建学校、改善校舍条件、提供计算机和互联网接入等。这些设施的建设将为农村学生提供更好的学习环境，提高他们的学习效率。此外，现代化设施还可以吸引更多的教育资源和支持，提供更多的学习机会。

2. 建立远程教育网络

首先，建设数字化教育平台。政府可以投资兴建数字化教育平台，包括建设在线课程网站、提供教育资源的数字化库等。这些平台可以容纳各类教育内容，包括课程视频、教材、在线测试等。这样的平台可以为农村学生提供广泛的学习资源，涵盖不同学科和年级的内容。

其次，推广互联网接入。政府可以加大互联网覆盖的力度，特别是在农村地区。提供高速互联网接入是发展远程教育的基础，可以确保农村学生能够顺畅地访问在线教育资源。政府可以合作建设网络基础设施，提供互联网接入补贴，以降低学生和家庭的上网成本。

3. 加强师资队伍培训

首先，建立专业化培训计划。政府可以制订并实施专业化培训计划，针对农村地区的教育工作者进行培训。这些培训可以包括教育教学方法、课程设计、心理辅导技巧等内容，以提高他们的教育水平和教学质量。培训计划可以由专业的培训机构或城市高校的教育学院提供，并根据农村教育的实际需求进行定制。

其次，提供职业发展机会。政府可以鼓励农村地区的教育工作者参与职业发展计划，如获得教育学位、进修课程等。这些机会可以提高他们的教育背景和职业地位，激发其对教育事业的热情。政府可以提供奖学金、津贴或补贴来支持他们的职业发展。

最后，建立城乡教育合作机制。政府可以鼓励城市高校和教育机构与农村学校建立师资培训合作机制。这可以包括派遣城市高校的专业教师或教育专家到农村学校进行教学指导，或者通过远程教育技术提供在线培训课程。这种合作可以充分利用城市教育资源，提升农村地区教育水平。

（二）医疗资源均衡配置

1. 建设农村医疗设施

首先，提升基础医疗设施。政府可以首先集中资金和资源，提升农村地区的基础医疗设施，包括乡村诊所和卫生站。这些设施应该配备必要的医疗设备和药物，以便提供常见病症的基本治疗和护理服务。此外，政府还可以招募和培训医生、护士和其他医疗工作者，确保这些设施能够持续运营并提供高质量的医疗服务。

其次，建设县级医院和综合医疗中心。政府可以逐步建设更大规模的县级医院和综合医疗中心，为农村地区提供更高级别的医疗服务。这些医疗机构应该设有各类医疗科室，包括内科、外科、妇产科、儿科等，以满足不同疾病和病情的治疗需求。同时，县级医院和综合医疗中心可以承担紧急情况的救治和手术，提高医疗救援的能力。

最后，引入远程医疗技术。政府可以借助现代技术，引入远程医疗服务，通过互联网和远程医疗设备，实现医生与患者之间的远程诊断和治疗。这可以缓解农村地区医疗资源匮乏的问题，为居民提供及时的医疗咨询和诊疗服务。政府可以设立远程医疗中心，培训医生和技术人员，确保远程医疗技术的顺利应用。

2. 吸引医疗人才到农村工作

首先，提供经济激励措施。政府可以通过提供高于城市医疗岗位的薪资和津贴，以及额外的生活补贴，来吸引医疗人才到农村工作。这种经济激励措施可以提高医疗人才的工作积极性，降低他们在农村地区的生活成本负担，增强他们留在农村的意愿。

其次，提供职业发展机会。政府可以为在农村地区工作的医疗人才提供职业发展机会。这包括培训、进修和晋升机会，使医疗人才可以不断提升自己的医疗技能和专业水平。此外，政府还可以建立农村医疗人才的职业发展路径，使他们在农村地区有更广阔的职业前景。

再次，改善工作环境和生活条件。政府可以改善农村医疗人才的工作环境和生活条件，包括提供现代化的医疗设备和工作环境，改善住房条件，提供子女教育机会等。这些改进可以提高医疗人才在农村地区的工作满意度，减轻他们的生活压力。

最后，建立医疗团队。政府可以鼓励成立多学科医疗团队，包括家庭医生、护士、公共卫生专家等，共同提供全面的医疗服务。这种医疗团队可以协作处理各类疾病和健康问题，提高医疗服务的效率和质量。政府可以提供培训和支持，鼓励医疗人才参与医疗团队的建设和运营。

3. 开展健康宣教

首先，制订全面的健康宣教计划。政府可以制订全面的健康宣教计划，明确定义宣教的目标、内容和方法。这一计划应覆盖各个年龄段和不同社会群体，包括儿童、青少年、成年人和老年人。宣教内容应包括健康生活方式、常见疾病的预防和早期识别、基本卫生知识等方面。

其次，建立多种宣教渠道。政府可以建立多种宣教渠道，以满足不同人群的需求。这包括开展健康讲座、康复训练、宣传册发放、互联网宣教平台建设等。此外，可以利用传统媒体宣传如电视、广播和报纸，以及社交媒体等现代通讯手段，将健康知识传递给更广泛的农村居民。

再次，培训健康宣教人员。政府可以开展健康宣教人员的培训计划，培养专业的宣教人员。这些宣教人员可以成为健康知识的传播者，向农村居民提供专业的健康建议和指导。培训内容应包括医学基础知识、宣教技巧和沟通能力的提高等内容。

最后，定期评估和调整宣教计划。政府应定期评估健康宣教计划的效果，根据实际情况进行调整和改进。这包括监测宣教活动的覆盖率、知识传递率以及农村居民的健康状况。政府还可以收集反馈意见，了解农村居民的需求和反应，以便更好地满足他们的健康宣教需求。

（三）确保政策执行和监督

政府需要建立监督机制，确保教育和医疗资源均衡配置政策的执行。这包括监测教育和医疗资源的分配情况，定期评估政策效果，并根据需要进行调整和改进。

1. 建立监测体系

政府应当建立健全的监测体系，以实时追踪城乡教育和医疗资源配置情况。这可以通过数字化信息系统、数据收集和分析等手段来实现。监测的指标应包括教育资源投入、医疗设施建设、人才流动等关键因素，以便政府对政策执行情况有全面了解。

2. 定期评估政策效果

政府应定期进行政策效果评估，以衡量城乡教育和医疗资源均衡配置政策的实际成效。评估可以包括教育和医疗服务的覆盖率、质量提升、居民满意度等方面的指标。通过评估结果，政府可以了解政策的长期影响，发现问题并及时调整政策方向。

3. 建立反馈机制

政府应建立反馈机制，允许社会各界人士对城乡教育和医疗资源配置政策提出建议和意见。这可以通过公开听证会、社会媒体、调查问卷等方式来实现。政府应认真倾听各方声音，将社会反馈纳入政策调整的考虑范围，提高政策的公平性和可行性。

4. 追究责任

政府应建立监督和追究责任的机制，对教育和医疗资源均衡配置政策的执行情况进行监督，确保政策得以切实贯彻。对于政府部门和官员的失职失责行为，应当追究相关责任，以维护政策的执行纪律。

5. 信息公开透明

政府应当向社会公开城乡教育和医疗资源均衡配置政策的相关信息，包括政策文件、资金使用情况、资源分配计划等。信息公开有助于社会监督，提高政策的透明度和公信力。

第十章　城镇化协调耦合性的评价和预测

第一节　城镇化协调耦合性的评价和预测方法

一、评价方法的选择和比较

（一）定量指标评价方法

定量指标评价方法是城镇化协调耦合性评价的常用方法之一。它通过收集大量数据，采用各种指标来量化城市和乡村地区之间的协调耦合程度。常用的定量指标包括城市化率、人口迁移比例、经济增长率、基础设施投资等。这些指标可以客观地反映城市和乡村地区的发展状况，有利于政策制定和决策分析，具体有以下几个方面：

1. 城市化率

城市化率是评价城镇化程度的重要指标之一，通常以城市人口占总人口的比例来表示。这个指标的计算相对简单，但提供了有关城市人口增长和乡村人口减少的信息。城市化率的上升可能表明城市地区吸引了更多的人口，但也可能意味着农村地区的人口外流。

2. 人口迁移比例

人口迁移比例是另一个用于定量评价城市和乡村协调耦合性的指标。它反映了人口从乡村向城市的流动程度。高人口迁移比例可能表明城市地区具有更多的就业机会和吸引力，但也可能引发城市的人口压力和社会问题。

3. 经济增长率

经济增长率是衡量城市和乡村地区发展的重要指标之一。它可以分为城市和乡村地区的经济增长率，用于比较两者之间的差异。高经济增长率可能意味着城市地区的产业和经济更加繁荣，但也可能导致贫富差距的扩大。

4. 基础设施投资

基础设施投资是城市和乡村地区协调发展的关键因素之一。该指标可以用于衡量政府对不同地区基础设施建设的支持程度。高水平的基础设施投资可能改善了乡村地区的交通、能源、通信等基础设施，有助于提升其发展水平。

（二）定性分析评价方法

定性分析评价方法侧重于描述城市和乡村地区之间的协调耦合关系，通过专家访谈、问卷调查、案例分析等方式获取定性数据。这种方法强调深度理解城乡关系的复杂性和多样性，可以揭示城市和乡村地区之间的潜在问题和机遇。然而，定性方法通常较主观，难以量化，需要较多的时间和资源。

1. 专家访谈

专家访谈是一种常见的定性分析方法，用于获取城市和乡村地区发展的专业见解和观点。研究人员可以邀请经济学家、社会学家、政策制定者等专家，进行面对面或远程访谈。这些专家可以提供关于城市和乡村地区发展的深度洞察，分析潜在的挑战和机遇。

2. 问卷调查

问卷调查是一种广泛使用的数据收集方法，用于了解公众和利益相关者对城市和乡村协调耦合性的看法和态度。研究人员可以设计问卷，向不同群体的受访者提出问题，以了解他们对城市和乡村地区发展的期望、需求和担忧。这种方法有助于捕捉社会舆论和公众意见。

3. 案例分析

案例分析是一种深入研究城市和乡村地区发展的方法。研究人员可以选择代表性的城市和乡村地区，详细研究它们的发展历程、政策措施和成就。通过对比不同案例，可以识别成功的经验和失败的教训，为政策制定提供有价值的参考。

（三）综合评价方法

综合评价方法将定量和定性方法相结合，综合考虑各种因素，更全面地评估城镇化协调耦合性。这种方法通常采用权重分配、多因素分析等技术，将不同维度的指标纳入考虑，以综合评价城市和乡村地区的协调耦合性。综合评价方法可以克服单一方法的局限性，提高评价的准确性和可信度。

1. 权重分配方法

权重分配方法是综合评价城镇化协调耦合性的一种常用技术。在这种方法中，研究人员为不同的评价指标分配权重，以反映其在城市和乡村协调发展中的重要性。这些权重通常基于专家意见、统计数据分析或政策目标的考虑。然后，通过将各指标的得分与其权重相乘，可以计算出综合评价指数，从而综合考虑各个因素的影响。

2. 多因素分析方法

多因素分析方法是综合评价城镇化协调耦合性的一种复杂技术。它将多个因素考虑在内，以识别对城市和乡村地区协调耦合性影响最大的因素。这可以通过多元回归分析、主成分分析或路径分析等统计技术来实现。多因素分析方法允许研究人员在综合考虑多个因素的情况下，确定各个因素对协调耦合性的贡献程度。

3. 模型构建方法

模型构建方法是一种将城镇化协调耦合性建模的综合评价方法。研究人员可以开发城市和乡村地区协调耦合性的数学模型，该模型考虑了各种指标和因素之间的相互关系。这

种方法通常需要建立复杂的计量模型或系统动力学模型，以模拟城市和乡村地区之间的动态互动。通过模型的构建和模拟，可以更好地理解城市和乡村地区协调耦合性的演变趋势。

二、预测方法的优势和限制

（一）趋势分析法

1. 趋势分析法的优势

第一，简单易行。趋势分析法不需要复杂的数学模型或计算过程，因此相对容易实施。政府和决策者可以使用已有的数据和工具进行趋势分析，无须额外的专业技能。

第二，长期发展趋势识别。这种方法能够帮助政府和决策者识别城镇化协调耦合性的长期发展趋势。通过分析历史数据，可以发现城市和乡村地区之间的演变过程，有助于设定长期发展目标和规划。

第三，基础规划工具。趋势分析为社会和经济规划提供了基本框架。政府可以根据趋势分析的结果，制定相应的政策和规划，以更好地满足城乡地区的需求，优化资源分配。

2. 趋势分析法的限制

第一，忽视外部因素。趋势分析法常常局限于历史数据，忽视了外部因素对城镇化协调耦合性的影响。全球和国际层面的因素，如国际政策变化和全球经济波动，可能对城市和乡村地区的发展产生显著影响，但这些因素在趋势分析中通常不予考虑。

第二，应对突发事件困难。趋势分析法难以预测和应对突发事件，如自然灾害、恶劣天气、经济危机等。这些事件可能在短时间内对城市和乡村地区的发展产生重大影响，但趋势分析无法充分考虑这些不确定性因素。

第三，缺乏深度分析。趋势分析法往往只能提供总体趋势，缺乏对城市和乡村地区之间复杂关系的深度理解。这种方法难以识别城乡关系中的具体问题和机遇，因此在制定详细政策时可能需要其他方法的补充。

综合来看，趋势分析法在城镇化协调耦合性评价中具有一定的优势，但也需要注意其局限性，特别是在面对外部因素和突发事件时，需要结合其他预测方法来提高准确性和可信度。

（二）模型预测法

1. 模型预测法的优势

第一，提高准确性和精确度。模型预测法能够通过数学模型精确地考虑多个因素之间的复杂关系，从而提供更准确的预测结果。这有助于政府和决策者更好地理解城镇化协调耦合性的发展趋势。

第二，科学支持决策。模型预测法可以用于模拟不同政策干预措施的效果，为政府决策提供科学依据。政府可以通过模型分析不同政策选项的可能结果，以制定更具针对性和有效性的政策措施。

第三，多因素考虑。模型预测法能够考虑多个因素的相互作用，包括城市化率、经济增长、基础设施建设等。这有助于全面评估城镇化协调耦合性，不仅限于单一指标的分析。

2. 模型预测法的限制

第一，数据和资源要求高。模型预测法需要大量的数据和计算资源来支持模型的建立、维护和运行。政府和决策者必须确保数据的质量和可靠性，并投入相应的经济和技术支持，以满足模型预测的要求。特别是在数据不充分或不准确的情况下，模型的预测结果可能不可信。

第二，参数选择的挑战。模型的准确性高度依赖于参数的选择。这意味着决策者必须具备足够的专业知识和经验，以选择模型中的正确参数。选择错误的参数可能导致不准确地预测结果，从而影响政策决策的有效性。

第三，理论假设局限性。模型通常是基于已有的理论假设构建的，这些理论假设可能无法全面考虑所有潜在因素。在复杂的真实情况下，模型可能存在一定的局限性。例如，模型可能无法准确捕捉突发事件、新兴趋势或非线性关系，因为这些因素可能违反了模型的基本假设。

（三）场景分析法

1. 场景分析法的优势

第一，多种可能性的考虑。场景分析法允许政府和决策者考虑多种可能性，包括不同政策和环境变化对城镇化协调耦合性的影响。这有助于提前制定政策策略，以适应不同的发展情境。政府可以在不同的场景下预测城镇化协调耦合性的发展方向，从而更好地应对未来的挑战和机会。

第二，灵活性和适应性。场景分析法提供了更灵活和适应性的政策制定方式。政府可以根据不同场景下的预测结果来灵活调整政策方向，以更好地应对不确定性和变化。这种适应性使政府能够更好地应对经济、社会和环境等方面的变化，以确保城镇化协调耦合性的持续发展。

第三，深度理解潜在风险和机会。通过构建不同场景，政府和决策者可以更深入地理解政策决策的潜在风险和机会。这有助于更全面地评估政策的长期效果和可行性。政府可以通过分析不同场景下的风险和机会，更好地选择合适的政策策略，以最大程度地实现协调耦合性的目标。

2. 场景分析法的限制

第一，主观性和不确定性。场景分析法的一个显著限制是其预测结果受到场景设定的主观性和不确定性的影响。不同研究人员或决策者可能会根据其个人观点和偏好构建不同的场景，从而导致不同的预测结果。这种主观性可能降低了政策决策的客观性和可信度，因此需要更多地注意和审慎。

第二，时间和资源消耗。场景分析法通常需要较多的时间和资源，因为需要对多种可能性进行详尽地分析和模拟。数据收集、模型构建、场景设定以及分析过程都需要投入大量的时间和资源。这使场景分析法在紧急政策制定和应对突发事件的情况下可能不太适用。

第三，局限性。尽管场景分析法可以提供多种可能性的考虑，但仍然受到历史数据和已有知识的局限性。预测结果的准确性依赖于当前已知的信息和假设，难以完全预测未来的发展。因此，决策者在使用场景分析法时需要谨慎考虑，不仅仅依赖于模型的输出，还需要结合实际情况和专业意见。

第二节　城镇化协调耦合性的评价指标和权重分配方法

一、关键评价指标的定义和解释

（一）城镇化水平指标

城镇化水平是一个关键的评价指标，用于测量城市和乡村地区的城镇化程度。城镇化水平通常通过以下几个方面来定义和解释：

1. 城市化率

城市化率是城市化评价的核心指标之一，通常以百分比表示，计算方法是将城市人口总数除以总人口数，然后乘以 100。这个指标反映了城市人口在总人口中所占的比例。城市化率的升高表明城市化程度的增加，即城市人口相对于乡村人口的增长。这可以被视为城市化进程的一个直接度量标志，对城市规划和政策决策具有重要的指导作用。

2. 城市人口比例

城市人口比例是城市人口在总人口中所占的百分比。它更为具体地描述了城市和乡村人口的分布情况。通过监测城市人口比例，政府和决策者可以更精确地了解城市人口的增长趋势以及城市对总人口的贡献。这有助于城市规划、社会服务的提供和资源的分配。

3. 城市面积比例

城市面积比例是指城市用地面积占总用地面积的比例。这个指标反映了城市土地的扩展和占用情况。随着城市面积比例的增加，城市的土地需求也随之增加，这可能对土地资源的可持续利用和城市规划带来了挑战。这个指标对于土地管理和城市扩张的监测非常重要。

（二）城乡收入差距指标

城乡收入差距是评价城市和乡村地区发展不平等的关键指标。其定义和解释如下：

1. 城乡居民人均可支配收入

这个指标表示城市和乡村居民每人每年可支配的平均收入水平。可支配收入是指在扣除税收和生活必需开支后，个人或家庭可以自由支配的收入。通过比较城市和乡村居民的人均可支配收入，可以评估不同地区的收入差距。较高的城市居民收入与乡村居民收入之间的差距通常反映了城乡之间的社会经济不平等问题。政府和决策者可以根据这一指标来调整税收政策和社会保障体系，以减少不平等并促进社会公平。

2. 基尼系数

基尼系数是一种常用的不平等度量工具，用于衡量城乡居民收入分配的不平等程度。它的取值范围在 0 到 1，其中 0 表示完全平等，即每个人的收入都相等，而 1 表示完全不平等，即一小部分人获得了全部收入。基尼系数的计算基于收入分布的曲线，通过比较实际分布与完全平等分布之间的差距来确定不平等程度。较高的基尼系数通常表示更大的不平等问题。政府和决策者可以使用基尼系数来监测城乡居民收入不平等的变化趋势，采取措施来减少不平等，如调整税收政策、改善教育和就业机会等。

（三）教育资源均衡指标

教育资源均衡指标用于评估城市和乡村地区的教育资源分布情况。以下是其定义和解释：

1. 学校数量

学校数量指的是城市和乡村地区内的学校总数。这包括小学、中学、高中、大学等各个教育层次的学校。较多的学校通常意味着更多的教育机会和更广泛的覆盖面，有助于满足不同年龄和教育需求的学生。此指标的升高可能表明城乡教育资源的均衡性，但也需要确保学校的质量和教育水平。

2. 教师比例

教师比例是指学生和教师之间的比例关系。通常以每位教师负责的学生数量来衡量。较低的教师比例通常意味着每位学生能够获得更多的教育资源和更好的个性化关怀。这有助于提高教育质量，确保学生得到适当的指导和支持。政府和决策者可以通过调整教职工编制和培训来改善教师比例。

3. 学生师生比

学生师生比反映了每位教师需要照顾的学生数量。较低的学生师生比通常意味着每位教师可以更集中地关注个别学生的需求，提供更个性化的教育支持。这有助于提高教育质量和学生的学业成绩。政府和决策者可以通过招聘更多的教职工或改善教育资源分配来降低学生师生比。

（四）医疗资源均衡指标

医疗资源均衡指标用于评估城市和乡村地区的医疗资源配置情况。以下是其定义和解释：

1. 医院数量

医院数量指的是城市和乡村地区内的医疗机构总数，包括综合医院、专科医院、诊所等。较多的医院通常意味着更广泛的医疗覆盖面，有助于提供多样化的医疗服务。这对于满足不同疾病和医疗需求的患者非常重要。然而，政府需要确保这些医院的质量和设备充

足，以提供高水平的医疗服务。

2. 医生比例

医生比例表示医生和患者之间的比例关系，通常以每位医生负责的患者数量来衡量。较低的医生比例意味着每位医生可以更多地关注患者的健康需求，提供更个性化的医疗服务。这有助于提高医疗质量和患者满意度。政府可以通过增加医学院的招生名额、培训更多的医疗从业人员来改善医生比例。

3. 床位数

床位数反映了医院的收容能力，即每家医院能够同时接收多少患者。较多的床位数有助于满足急需医疗服务的患者，特别是在突发疫情或灾难时期。政府和医疗机构需要确保床位的充足性，以应对不同情况下的医疗需求。

二、权重分配方法的确定和公平性考虑

权重分配是城镇化协调耦合性评价中的关键环节，涉及不同评价指标的重要性和贡献度的确定。权重的分配方法应考虑以下因素。

（一）明确政策目标和需求

权重分配方法的第一步是明确政府的政策目标和需求。不同政策可能强调城镇化协调耦合性的不同方面，因此，需要根据政策目标来确定权重。政府可以明确指出哪些方面对于城镇化协调耦合性的评价更为重要，这些方面可以被赋予更高的权重。

1. 城市经济发展

政府可能希望城市经济持续增长，提高城市的经济竞争力。因此，在权重分配中，可以赋予经济相关的指标更高的权重，如城市 GDP 增长率、产业结构调整等。这反映了政府对城市经济可以持续发展的关注。

2. 环境保护与生态平衡

政府也可能关注城市的生态环境和环境保护。这包括减少污染、改善空气和水质、保护自然生态系统等方面。在权重分配中，与环境和生态平衡相关的指标可以被赋予更高的权重，以反映政府对可持续环境的重视。

（二）邀请专家参与评价

为了确保评价的科学性和专业性，可以邀请专家组成评价委员会，参与权重分配的讨论和决策过程。专家可以根据其领域知识和经验，对不同评价指标的贡献度提出专业建议。这些专家可以包括城市规划师、环境科学家、经济学家等，他们的多角度视角可以帮助权重的分配更加全面。

1. 专家选择

第一，需要寻找具有相关专业背景的专家。这包括城市规划、环境科学、经济学、社会学等相关领域的专家。他们的专业知识应与城镇化协调耦合性评价的主题密切相关，以

便能够提供更有价值的见解和意见。

第二，专家的经验和研究成果也是选择的关键因素。寻找那些在城市可持续发展、环境保护、资源管理等领域有丰富经验并已经取得突出成就的专家。他们的研究成果和实践经验可以为权重分配方法提供更有力的支持。

第三，专家团队的多样性和广泛性也至关重要。确保团队中涵盖不同领域的专业知识，以及来自不同背景、文化和经验的专家。这有助于确保权重分配方法的全面性和综合性，避免忽视任何重要因素。

第四，政府可以考虑咨询其他权威机构或学术界的意见，以获取有关专家选择的建议。这些机构通常有更多的资源和网络，可以帮助政府找到合适的专家。

第五，专家选择过程应该是透明的，政府应该记录选择每位专家的理由和依据。这可以增加过程的透明度，使人们能够了解专家的选择是基于何种标准和考虑。

通过仔细选择合适的专家团队，可以确保城镇化协调耦合性评价的权重分配方法更具科学性和专业性。这个专家团队将为权重分配方法提供更有力的支持，确保评价的准确性和可信度。

2. 专家咨询和参与

一旦专家被邀请参与评价，他们应该参与权重分配方法的讨论和决策过程。这可以通过专家会议、研讨会或在线讨论平台来实现。专家可以就各项评价指标的重要性、互相之间的关系等方面提供意见和建议。

第一，专家会议和研讨会。一种有效的专家咨询方式是组织专家进行会议或研讨会。在这些会议上，专家可以聚集在一起，就权重分配方法进行深入地讨论和交流。会议可以设置主题和议程，以便专家能够集中讨论不同评价指标的重要性和贡献度。专家们可以分享他们的专业知识和经验，提出具体的权重分配建议。

第二，在线讨论平台。除了面对面的会议，政府还可以考虑利用在线讨论平台，以便专家可以在虚拟环境中进行讨论和交流。这种方式可以克服地理位置的限制，使更多的专家能够参与到权重分配方法的过程中。政府可以设立在线论坛或专门的网站，专门用于专家的讨论和意见征集。

第三，政府还可以向专家们发放调查问卷或意见征集表，以便他们能够在自己的时间内提供关于权重分配方法的建议。这种方式灵活性较高，专家们可以更充分地思考和表达他们的观点。政府可以收集所有专家的反馈意见，综合考虑这些意见来确定最终的权重分配方案。

第四，专家之间的协作和讨论也是重要的。政府可以鼓励专家们在权重分配过程中互相交流意见，讨论不同评价指标之间的关系和影响。这种协作有助于产生更全面、更综合和更科学的权重分配方法。

3. 专家意见的整合

专家意见的整合是关键的一步。评价委员会应该收集、整理和分析专家提供的意见，以确定不同评价指标的权重。这个过程需要考虑专家的建议，但也需要将其与政府政策目

标和可用数据相结合，以制定最订的权重分配方案。

第一，数据整合和分析。一旦专家提供了他们的意见和建议，评价委员会应该收集和整理这些信息。这包括对不同专家提供的权重建议进行汇总，以了解专家们在不同评价指标上的看法。此外，还需要对可用的数据进行梳理，以确定每个指标的具体数值。

第二，综合考虑政策目标。专家意见的整合需要与政府的政策目标相协调。评价委员会应该将专家提供的意见与政府的城镇化协调耦合性目标进行比较，以确定哪些指标对于实现这些目标最为关键。这涉及将专家意见与政策需求相匹配，以确保权重分配方案与政府政策相一致。

第三，讨论和协商。在整合专家意见时，评价委员会可能需要与专家进行讨论和协商，以解决不同专家之间的意见分歧。这可能涉及权重的微调或权衡，以达成更广泛的共识。通过开放和透明地沟通，可以确保专家意见得到充分考虑。

第四，评价委员会应该制订最终的权重分配方案。这个方案应该反映政府的政策目标、专家意见和可用数据，以达到评价的科学性和准确性。这个方案应该被记录下来，并在城镇化协调耦合性评价中使用。

（三）数据支持与可信度考虑

在确定权重时，需要考虑可用数据的质量和可信度。某些指标可能有更为可靠的数据支持，而某些指标的数据可能不确定。因此，可以根据数据的质量赋予不同指标不同的权重。可靠的数据支持可以增加指标的权重，以提高评价的准确性。

第一，数据质量是决定权重分配的一个关键因素。高质量的数据可以更好地反映出城市和乡村地区的实际情况，从而准确地支持评价。因此，评价委员会应该确保所使用的数据是经过充分验证和检查的，以排除潜在的错误和偏差。

第二，权重分配时，需要考虑数据的来源和采集方法。数据应该来自可靠的来源，如政府机构、科研机构或独立的第三方机构。同时，采集数据的方法应该科学合理，以确保数据的准确性和可信度。

第三，时效性是数据的另一个重要方面。城镇化协调耦合性评价需要基于最新的数据，以反映当前的城市和乡村发展情况。因此，评价委员会应该定期更新数据，以保持评价的时效性。

第四，在确定权重时，评价委员会还应该考虑数据的不确定性。某些指标可能存在不确定性，这可能影响评价结果的准确性。在这种情况下，可以采取不确定性分析方法，以量化不确定性，并将其纳入权重分配过程中。

第五，评价委员会可以评估数据的可信度，以确定哪些数据更加可信。这可以通过比较不同数据源的一致性、验证数据的方法和与实际情况的符合程度来实现。可信的数据可以在权重分配中得到更高的权重。

第三节　应用城镇化协调耦合性预测模型进行预测分析

一、模型应用的数据需求和数据采集

（一）数据需求的明确

在应用城镇化协调耦合性预测模型之前，必须充分明确所需的数据。这是因为城镇化协调耦合性模型依赖于各种不同的指标和数据来评估城市与乡村地区之间的协调发展程度。以下是数据需求明确的几个重要方面：

1. 城市和乡村地区的基本信息

第一，人口统计数据。这些数据包括城市和乡村地区的人口数量、性别比例、年龄分布等。它们对于评估城市化水平和人口分布的变化至关重要。

第二，土地利用情况。了解土地的用途和分布，包括农田、城市建设、工业用地、自然保护区等，以分析土地资源的利用和变化。

第三，经济产值。城市和乡村地区的经济产值数据用于衡量其经济活动和增长情况，可以包括国内生产总值（GDP）、农业产值、工业产值等。

第四，产业结构。了解不同产业在城市和乡村地区的比重，包括第一产业（农业）、第二产业（工业）和第三产业（服务业）的贡献。

2. 环境指标

第一，空气质量。监测城市和乡村地区的空气污染程度，包括颗粒物、二氧化硫、一氧化碳等指标，以评估环境质量。

第二，水质。评估城市和乡村地区的水质状况，包括水源的污染程度、水中重金属和有机物的含量等。

第三，土壤质量。了解土壤的污染状况、养分含量和适宜性，以支持农业和环境保护。

第四，自然保护区面积。衡量城市和乡村地区的自然保护区面积，以评估生态系统的保护状况。

3. 社会发展指标

社会发展指标是评估城市和乡村地区社会进步和人民生活质量的重要工具。这些指标提供了深入了解各种社会方面的信息，有助于政府和决策者制定政策和规划，以改善社会福祉。以下是一些重要的社会发展指标：

第一，教育水平。教育水平是一个国家或地区社会发展的基础。它包括了多个方面的指标，如教育程度、文盲率、教育资源分布等。教育程度可以用来衡量人们的受教育程度，包括小学、中学、大学或职业培训等。文盲率则反映了不识字或不懂得基本读写技

能的人口比例。教育资源分布包括学校、教师和教材的分布情况，以及受教育机会的平等性。

第二，医疗卫生。医疗卫生是社会健康的重要组成部分。社会发展指标可以用来了解卫生设施的分布情况，包括医院、诊所和卫生中心等。卫生服务的可及性也是关键指标，涉及人们是否可以获得及时的医疗服务。健康状况方面的指标包括生活寿命、婴儿死亡率、疾病患病率等，反映了社会的整体健康水平。

第三，文化体育。文化和体育活动对于社会的文化丰富程度和人们的娱乐生活起着至关重要的作用。社会发展指标可以用来了解文化设施和体育设施的分布情况，包括博物馆、剧院、体育场馆等。此外，文化体育活动的丰富程度也是一个重要指标，涵盖了音乐、艺术、体育比赛、文化节庆等各种文化和娱乐活动。

第四，社会安全。社会安全是社会稳定和人民安宁的关键要素。社会发展指标可以用来评估社会治安状况，包括犯罪率、暴力事件和社会不安定等。了解社会安全情况有助于政府采取措施来维护社会秩序，提高居民的安全感。

（二）数据来源的选择

选择可靠的数据来源是确保城镇化协调耦合性预测模型准确性的关键。数据可以来自以下渠道：

1. 政府统计部门

政府统计部门通常是获取城市和乡村地区数据的主要渠道之一。这些部门负责定期收集、整理和发布各种与城市化和乡村发展相关的数据。例如，国家统计局和地方政府统计局通常会提供人口普查数据、城市化数据、经济统计数据、就业数据等。这些数据通常经过严格的质量控制和标准化处理，具有较高的可靠性和权威性。

2. 研究机构、大学和智库

各种研究机构、大学和智库可能会进行有关城镇化协调耦合性的研究，提供有用的数据。这些数据源可能包括研究报告、学术论文、专题调研等。这些数据通常是经过专业研究人员的严格分析和验证的，具有一定的学术和专业价值。然而，应谨慎选择数据来源，确保其来源可信。

3. 社会调查和问卷调查

社会调查和问卷调查是获取关于民生需求、社会满意度和其他社会层面信息的重要途径。这些调查通常由政府部门、研究机构或民间组织进行。它们可以提供深入的定性和定量数据，有助于理解人民的需求和社会状况。但在使用社会调查数据时，需要考虑样本的代表性和问卷设计的科学性，以确保数据的可靠性。

4. 遥感技术

遥感技术在获取地理信息数据方面具有独特的优势。通过卫星影像、高空照图等高分辨率数据，可以获得城市和乡村地区的地理特征、土地利用、植被覆盖等信息。这些数据对于城市规划、土地利用分析和环境评估非常有价值。然而，遥感数据的处理和解释需要专业技能，同时也需要考虑数据的时空分辨率和准确性。

（三）数据的时空分辨率

城镇化协调耦合性模型需要考虑数据的时空分辨率，以确保数据与模型的要求相匹配。这包括以下方面：

1. 时间跨度

数据的时间跨度是模型分析的关键因素之一。它应涵盖一定的历史时间跨度，以便分析城市与乡村地区发展的趋势、周期性变化和长期演变。选择适当的时间跨度取决于研究的目的和问题，通常可以包括以下考虑因素：

第一，历史趋势分析。较长的时间跨度可用于分析城市化和乡村发展的历史趋势，以了解发展的演变。

第二，周期性分析。长时间跨度还有助于识别周期性变化，如经济周期、季节性变化等，这些变化可能对城市与乡村地区的协调耦合性产生影响。

第三，长期影响评估。对于政策评估和可持续发展研究，较长时间跨度可以用于评估政策或措施的长期影响。

时空分辨率的时间跨度应根据研究问题和可用数据来确定，通常可以覆盖数年到数十年的时间段。

2. 地理范围

数据的地理范围应涵盖城市与乡村地区的全面地理范围，以确保模型的全面性和适用性。这包括以下考虑因素：

第一，城市和乡村的定义。需要明确定义城市和乡村地区的范围。城市定义通常包括人口密集区域、工商业区域等，而乡村定义则可能包括人口较为稀少的农村地区。

第二，行政辖区。数据的地理范围通常以行政辖区为基础，可以包括城市、乡村、县级行政单位等。这有助于政府和决策者更好地理解不同地区之间的差异。

第三，辅助数据。时空分辨率还可以根据需要使用辅助数据，如地理信息系统（GIS）数据，以绘制详细的地理边界和地图。

数据的地理范围应考虑城市和乡村地区之间的相互影响，以便充分理解城镇化协调耦合性。同时，数据的地理范围也应根据研究问题和可用数据进行选择，确保涵盖感兴趣的地理区域。

（四）数据质量的保障

采集到的数据必须经过质量控制和验证，以确保其准确性和可信度。数据质量问题可能包括以下方面：

1. 数据错误的处理

首先，对采集到的数据进行数据清洗是确保数据质量的重要步骤。数据清洗包括识别和纠正数据中的错误，如拼写错误、数字错误、重复数据等。这可以通过编写数据验证规

则和算法来实现，以自动化地检测和修复错误。

其次，为了验证数据的准确性，可以采用数据校验方法，比如数据完整性检查和逻辑一致性检查。数据完整性检查确保数据集中没有缺失值，而逻辑一致性检查则确保数据之间的关系和约束得以维护。

2. 数据遗漏的处理

首先，数据中的缺失值可能会对模型的建立和分析产生不利影响，因此需要采取适当的方法来填充缺失数据。常见的方法包括均值填充、插值法、回归模型预测等，具体选择取决于数据类型和领域。

其次，为了减少数据遗漏问题，采集数据的过程应该谨慎规划和执行。可以考虑增加数据源、提高数据采集频率、加强数据管理等策略，以最小化数据遗漏的可能性。

3. 数据一致性的确保

首先，确保数据在单位、时间、地理范围等方面具有一致性是非常重要的。在数据采集和整理阶段，应制订标准化的数据格式和定义，以确保不同来源的数据可以进行比较和整合。

其次，如果数据来自多个来源，需要进行数据集成，以确保数据一致性。数据集成包括数据匹配、字段映射、数据关联等过程，使数据在整合后仍然保持一致性。

数据质量的保障不仅仅关系到城镇化协调耦合性模型的准确性，还对决策和政策制定产生重要影响。因此，在数据采集和处理的过程中，需要建立完善的数据管理和质量控制流程，借助现代信息技术工具和数据库系统来支持数据的有效管理、校验和清洗。同时，要充分了解数据的来源和采集方法，以便更好地理解数据质量问题，并采取适当的方法来处理和改进数据质量。只有确保高质量的数据，城镇化协调耦合性模型才能更准确地反映城市与乡村地区的发展现实，为政府决策提供可靠的支持。

（五）数据的更新与维护

城市与乡村地区的数据随时间会发生变化，因此数据的更新与维护是必要的。数据应定期更新，以反映最新的发展动态，并确保城镇化协调耦合性模型的时效性和准确性。

1. 数据更新的必要性

随着时间推移，城市与乡村地区的发展动态不断变化。因此，数据的定期更新是确保城镇化协调耦合性模型的准确性和时效性的必要步骤。更新数据可以反映新的城市化趋势、政策变化、人口迁移和经济发展等情况，从而更好地支持决策制定和规划。

2. 数据更新的频率和时间点

首先，数据更新的频率应根据研究领域的需求和数据的变化速度而定。一些数据可能需要每年更新，如人口数据和经济数据，而其他数据可能每两年或更长时间进行更新，如土地利用数据和环境数据等。

其次，确定数据更新的时间点也很重要。通常，数据更新应该在特定的时间点或数据收集周期结束后进行，以确保数据的连续性和一致性。例如，人口普查数据可以在每次普查之后更新，而经济数据可以根据国家统计发布的时间表进行更新。

3. 数据更新的流程

首先，数据更新的流程应该经过精心规划和管理，包括以下步骤：一是数据采集。确定数据来源，收集最新的数据，可以涵盖政府工作报告、调查、传感器数据等多种来源。二是数据清洗和校验。对新数据进行清洗和校验，以确保数据的准确性和一致性，同时处理错误和缺失数据。三是数据整合。将新数据整合到现有数据库或数据仓库中，确保数据的一致性和可访问性。四是数据分析和更新模型。利用更新后的数据重新分析和更新城镇化协调耦合性模型，以反映新的情况和趋势。五是数据发布和共享。将更新后的数据发布和共享给相关决策者、研究人员和公众，以支持决策和研究。

其次，数据维护的重要性。数据的维护是数据管理的重要组成部分。维护包括数据存储、备份、保护、权限管理和数据质量监控等方面的工作。数据维护的目标是确保数据的安全性、完整性和可用性，以及防止数据损失或泄露。

最后，数据更新与维护的挑战。数据更新与维护可能面临一些挑战，包括数据来源的不稳定性、数据质量的波动、数据采集成本等。因此，需要建立健全数据管理策略和团队，以应对这些挑战。

数据的更新与维护是确保城镇化协调耦合性模型持续有效和可信的关键环节。只有定期更新数据并进行数据维护，才能反映城市与乡村地区的最新情况，为政府决策和城市规划提供可靠的支持，从而促进可持续城镇化和乡村发展。

二、预测结果的解释和政策建议的制定

（一）预测结果的解读

1. 因素影响分析

一旦城镇化协调耦合性预测模型生成了结果，首要任务是对这些结果进行深入解释和分析。这涉及识别哪些因素对城镇化协调耦合性的影响最为显著等方面。在城镇化协调耦合性模型中，可能包括城市化率、农村发展水平、资源分配、政府政策、经济增长等多个因素。通过分析这些因素，可以更好地理解城市和乡村地区发展的内在机制。

2. 城市与乡村差异

预测结果也需要用于揭示不同城市和乡村地区之间的差异。城市与乡村之间可能存在着明显的发展差距，包括经济差异、社会差异和环境差异。分析这些差异有助于政府和决策者更有针对性地制定政策，以满足不同地区的发展需求。

（二）政策建议的制定

1. 城市规划

基于预测结果，政府和决策者可以制定城市规划政策建议。这包括城市发展地布局、

用地规划、基础设施建设等方面。例如，如果模型结果显示城市化率将快速增长，政府可以考虑加强城市规划，提前规划和建设必要的城市设施和住房。

2. 资源分配

预测结果也可以用于资源分配的政策建议。政府需要合理分配资源，以支持城市和乡村地区的发展。如果模型结果表明某些乡村地区需要更多的投资来促进农村经济增长，政府可以制定相应的资源分配政策。

3. 环境保护

基于预测结果，政府可以制定环境保护政策建议。城市化过程通常伴随着自然资源消耗和环境污染，政府需要采取措施来保护生态环境。例如，模型结果显示城市化将导致生态系统压力增加，政府可以制定保护自然资源和生态系统的政策。

4. 社会发展

最重要的是政府可以基于预测结果制定社会发展政策建议。这包括教育、医疗、文化、社会安全等方面的政策。政府可以根据模型结果来规划教育资源的分配、卫生设施的建设、文化体育活动的促进，以及社会安全的维护等。

（三）预测的不确定性考虑

1. 不确定性范围

在解释和制定政策建议时，必须充分考虑预测的不确定性。城镇化协调耦合性模型的结果可能受到多种因素的影响，包括数据质量、模型参数、外部环境等。政策制定者需要了解预测结果的不确定性范围，以便更好地理解模型的可信度。

2. 风险管理策略

鉴于不确定性，政府可以制定风险管理策略。这包括采取谨慎的政策措施、监测城市化进程的动态变化、灵活地调整政策以适应不确定性因素的变化等。政府应在政策实施中保持灵活性，进而有效地应对不确定性带来的挑战。

（四）制定可持续发展目标

1. 多层面的目标

基于预测结果，政府可以制定城市和乡村地区的可持续发展目标。这些目标应涵盖多个层面，包括经济、社会和环境方面。例如，可持续发展目标可以包括减少贫困率、提高教育水平、改善环境质量、促进经济增长等。

2. 时间框架

这些目标应该制定在合理的时间框架内，并考虑长期可持续性。政府可以设定中期和长期目标，以确保城市和乡村地区的协调发展。

（五）监测与评估

1. 建立监测机制

政府还应建立有效的监测和评估机制，以跟踪城市和乡村地区的发展进展。这包括建立数据收集系统、制定指标体系、定期评估政策实施效果等。通过监测，政府可以及时发现问题并采取行动。

2. 政策调整

监测与评估机制还可以帮助政府及时调整政策和采取措施，以确保城市和乡村地区的可持续发展目标得以实现。政策调整应基于数据和证据，以提高政策的针对性和有效性。

参考文献

[1] 高明，郭峰.城市化对空气质量的影响研究——以京津冀城市群为例[J].环境经济研究，2018，3（3）：88-105.

[2] 袁晓玲，李朝鹏，方恺.中国城镇化进程中的空气污染研究回顾与展望[J].经济学动态，2019（5）：88-103.

[3] 周侗，张帅倩，闫金伟，等.长江经济带三大城市群PM_（2.5）时空分布特征及影响因素研究[J].长江流域资源与环境，2022，31（4）：878-889.

[4] 冯奎，贾璐宇.我国绿色城镇化的发展方向与政策重点[J].经济纵横，2016（7）：27-32.

[5] 张永生.基于生态文明推进中国绿色城镇化转型——中国环境与发展国际合作委员会专题政策研究报告[J].中国人口·资源与环境，2020，30（10）：19-27.

[6] 郭向阳，穆学青，丁正山，等.长三角多维城市化对PM_（2.5）浓度的非线性影响及驱动机制[J].地理学报，2021，76（5）：1274-1293.

[7] 邓世成，郭凌寒.长江经济带城市化进程对雾霾污染的影响研究——基于空间面板模型的实证分析[J].调研世界，2019（7）：36-44.

[8] 翁钢民，潘越."人口—生态—空间—经济—社会"多维城镇化状态评估——基于改进证据理论[J].数学的实践与认识，2018，48（21）：21-31.

[9] 肖挺.环境质量是劳动人口流动的主导因素吗？——"逃离北上广"现象的一种解读[J].经济评论，2016（2）：3-17.

[10] 孙中伟，孙承琳.警惕空气污染诱发"逆城市化"：基于流动人口城市居留意愿的经验分析[J].华南师范大学学报：社会科学版，2018（5）：134-141，192.

[11] 谢杨，戴瀚程，花岡達也，等.PM_（2.5）污染对京津冀地区人群健康影响和经济影响[J].中国人口·资源与环境，2016，26（11）：19-27.

[12] 张可.环境污染对城市网络结构的影响研究[J].社会科学，2016（12）：46-58.

[13] 郭庆宾，汪涌.空气污染对城市化进程的反馈效应[J].中国人口·资源与环境，2021，31（8）：62-69.

[14] 张理茜，蔡建明，王妍.城市化与生态环境响应研究综述[J].生态环境学报，2010，19（1）：244-252.

[15] 刘凯，吴怡，王晓瑜，等.中国城市群空间结构对大气污染的影响[J].中国人口·资源与环境，2020，30（10）：28-35.

[16] 张改素，魏建飞，丁志伟.中国镇域工业化和城镇化综合水平的空间格局特征及其影响

因素[J].地理研究，2020，39（3）：627-650.

[17] 陈帅，张丹丹.空气污染与劳动生产率——基于监狱工厂数据的实证分析[J].经济学（季刊），2020，19（4）：1315-1334.

[18] 王耀中，陈洁，彭新宇.2012—2013年城市化学术研究的国际动态[J].经济学动态，2014（2）：106-116.

[19] 柳玉梅，TIMOTHYO.Randhir，李九一.解耦视角下的城镇化与资源环境关系研究——以苏州市为例[J].苏州科技大学学报：自然科学版，2021，38（1）：71-78.

[20] 赵磊，潘婷婷，方成，等.旅游业与新型城镇化——基于系统耦合协调视角[J].旅游学刊，2020，35（1）：14-31.

[21] 尤嘉，王兆峰.华中地区旅游业与新型城镇化耦合协调发展分析[J].小城镇建设，2022，40（5）：48-56.

[22] 肖钊富，李瑞，吕宛青，等.成渝城市群旅游生态安全时空格局演化研究[J/OL].世界地理研究：2023，32（10）：1-12[2022-06-11].

[23] 刘雨婧，唐健雄.中国旅游业高质量发展水平测度及时空演化特征[J].统计与决策，2022，38（5）：91-96.

[24] 王朝阳.基于SWOT分析的新型城镇化路径选择——以河南省为例[J].人民论坛，2014（23）：225-227.

[25] 苏斯彬，张旭亮.浙江特色小镇在新型城镇化中的实践模式探析[J].宏观经济管理，2016（10）：73-75，80.

[26] 丛海彬，段巍，吴福象.新型城镇化中的产城融合及其福利效应[J].中国工业经济，2017（11）：62-80.

[27] 宝胜，杨芳馨.新型工业化与新型城镇化协同发展的问题和对策研究——探索辽宁老工业基地振兴与发展之路[J].渤海大学学报：哲学社会科学版，2018，40（2）：68-72.

[28] 蒋瑛，孙婷婷.多点多极支撑发展战略下四川农业转移人口市民化的作用机理与保障机制[J].农村经济，2018（4）：99-104.

[29] 孙久文，孙翔宇.区域经济韧性研究进展和在中国应用的探索[J].经济地理，2017，37（10）：1-9.